OLDTIMER

44 der schönsten Museen
rund um den Bodensee

ALEXANDER POHLE

OLDTIMER

44 der schönsten Museen
rund um den Bodensee

MESSEN, MÄRKTE UND RALLEYS

mitteldeutscher verlag

44 # Oldtimer- und Technik-Museen

DEUTSCHLAND

rund um den Bodensee

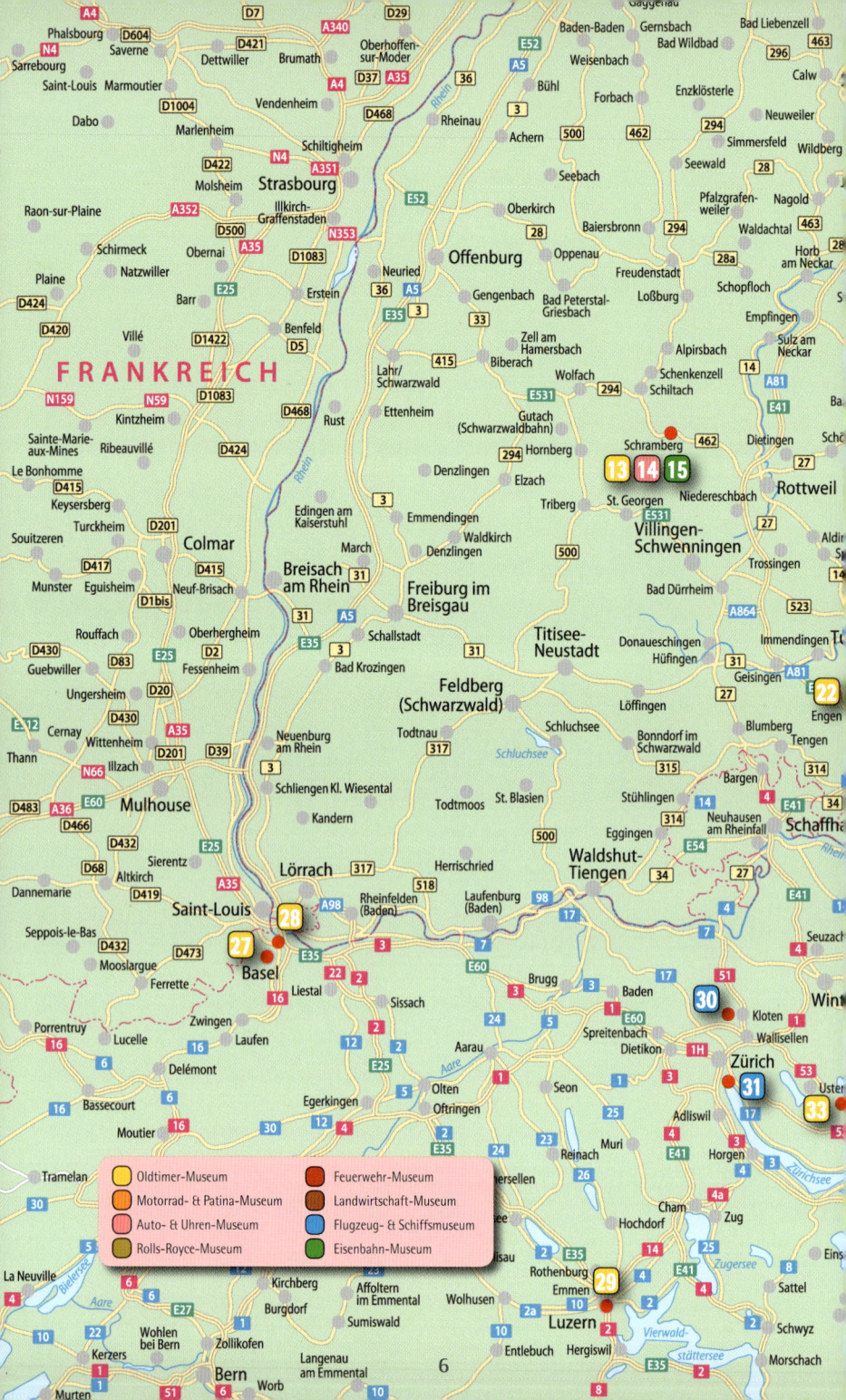

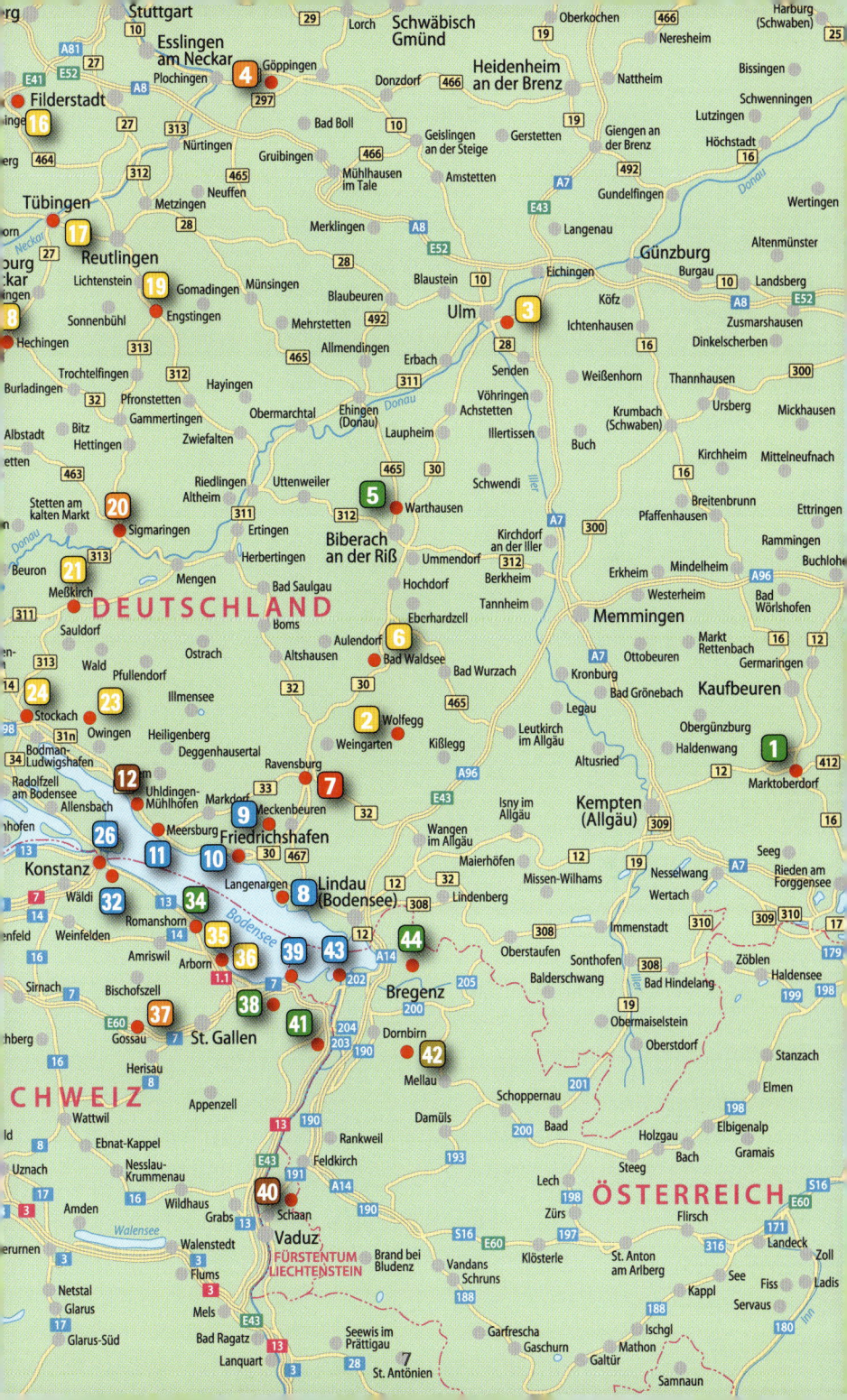

Vorwort

Nachdem Anfang der 80er Jahre mein erster Oldtimer restauriert wurde, war es geschehen: Ich hatte mich mit einem Virus infiziert, der mich bis heute nicht mehr losgelassen hat. Natürlich gibt es Schlimmeres! Die »Oldtimerei« macht ja mittlerweile auch immer mehr Menschen großen Spaß. Um eben diesen Spaß geht es auch beim Besuch der in diesem Führer vorgestellten Museen, aber auch darum, Spannendes zu erfahren. Wo sonst am Bodensee kann eine solche Fülle an restaurierten, mobilen Zeitzeugen der Fortbewegungsmittel besichtigt werden. Sei es zu Wasser, zu Land oder in der Luft, klein oder riesengroß, einfaches Gefährt oder noble Luxuskarosse. Die gebotene Vielfalt ist gigantisch und lädt geradezu dazu ein, auf zahlreichen Ausflügen entdeckt zu werden. Für jeden Geschmack, jedes Alter und Interesse sollte das richtige Museum dabei sein. Das Schöne daran, der Eintritt ist zum Teil sogar frei.

Als langjährigen Volvo-Oldtimer-Fahrer haben es mir persönlich natürlich die zahlreichen Automuseen angetan. Aber positiv überrascht war ich nicht zuletzt vom Traktor-Museum in Unlingen-Mühlhofen. Denn wer offen für Neues »Altes« ist, wird vielleicht ähnlich verblüfft sein wie fesselnd die Geschichten über die Traktoren, Fluggeräte und Wasserfahrzeuge aller Art in den Museen erzählt werden. Ganz nebenbei erfährt man bei einem Besuch dann nämlich auch recht viel über die Herkunft der Exponate und nicht zuletzt über die Transportmöglichkeiten damaliger Zeit am Bodensee. Mir bleiben unvergessliche Erinnerungen und ich wünsche jedem die gleiche Freude, die ich bei meinen zahlreichen Besuchen haben durfte. Wer etwas Zeit mitbringt, wird reichlich belohnt. Mehr als zwei Museen pro Ausflug sind allerdings zu viel des Guten. Viel Spaß bei der Lektüre, beim Planen und natürlich auf eigenen Touren.

Alexander Pohle

Ein Teil der großen Modellbahnanlage

Die zahlreichen Vitrinen zeigen unter anderem sehr seltene Eisenbahnmodelle

Kinderträume? Im Jugendstilbau des Eisenbahnmuseums werden sie wahr! Ob Märklin-H0-Modelle, unterschiedliche Bahnanlagen aus den 50ern oder Vitrinen voller Raritäten. Faszination Modelleisenbahn pur! In den Räumen des charmanten Museums sind aber nicht nur Zug- und Bahnmodelle ab dem Jahr 1920 zu finden, sondern auch eine kleine Sammlung wunderschöner Mineralien.

Öffnungszeiten:
Di.–Fr. 14.30–18 Uhr,
Sa.–So. 10–12 Uhr und 14.30–17 Uhr
Per Auto und Bus gut zu erreichen.

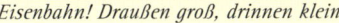

Eisenbahn! Draußen groß, drinnen klein

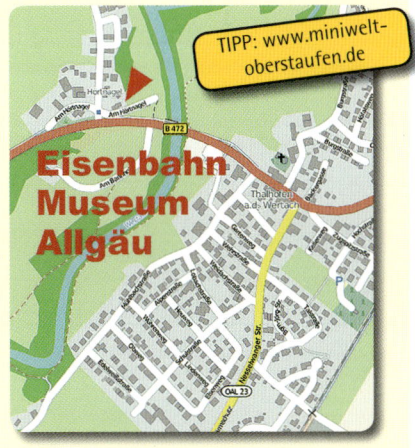

TIPP: www.miniwelt-oberstaufen.de

Eisenbahnmuseum Allgäu • Im Hörtnagel 2 • D-87616 Marktoberdorf-Thalhofen
Tel. +49 8342 916160 • www.eisenbahn-museum-allgaeu.de

2 AUTOMUSEUM FRITZ B. BUSCH

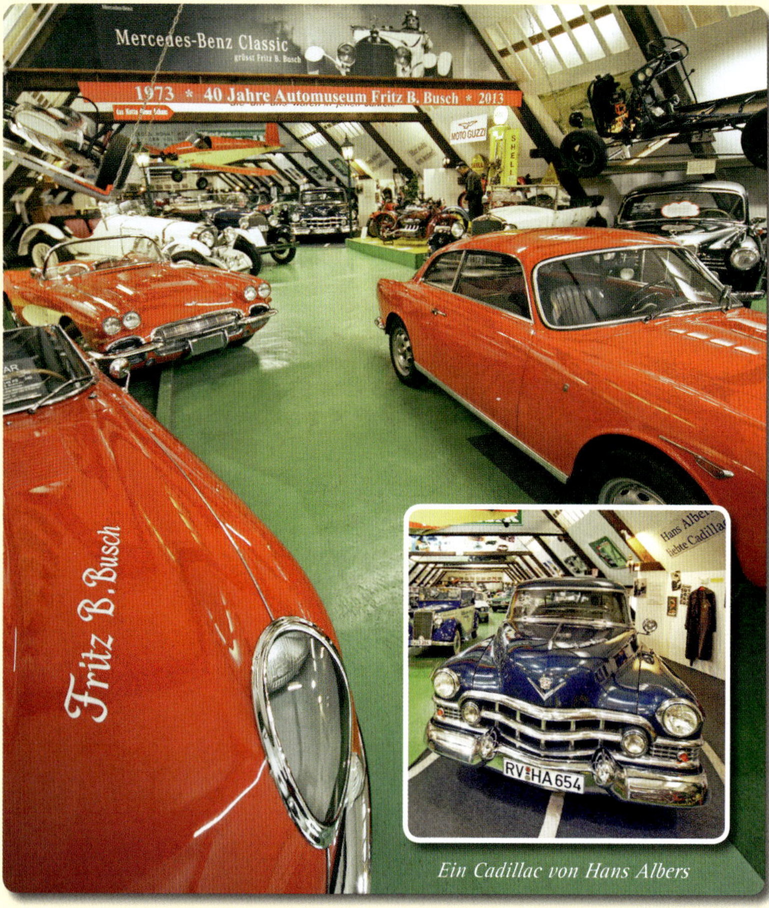

Ein Cadillac von Hans Albers

Der erste Blick ins imposante Automuseum Fritz B. Busch im Schloss Wolfegg

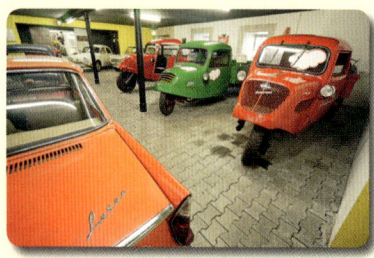

Kleinwagen im Untergeschoss

Es gilt als eines der schönsten privaten Automuseen: das 1973 vom legendären Fritz B. Busch in Wolfegg gegründete Erzähl-Museum. Der Cadillac des Schauspielers Hans Albers ist dort ebenso zu finden wie der Porsche-Rennwagen des früheren jordanischen Königs Hussein I. In den beiden Gebäuden des Museums erwartet die Besucher aber weit mehr.

Mercedes »SSK« Replica von Fritz B. Busch

Im Obergeschoss des Museumsgebäudes Nr. 2

Denn das sehenswerte Automobil-Museum beherbergt mehr als 200 Oldtimer. Der »Autopapst« und Gründer Fritz B. Busch, begann in »auto motor und sport« zu veröffentlichen, war aber nicht nur Journalist sondern auch Autotester für den »Stern« und moderierte Autosendungen im TV. Als einer der Ersten in Deutschland eröffnete er 1973 sein privates Automuseum. Hatte er doch in 36 Jahren so vieles erlebt und gesammelt, dass man hätte allein darüber ein Buch schreiben können. Sein Diesel-Eigenbau, mit dem er 1975 mit 253 km/h einen Rekord aufstellte, wird im Museum ebenso gezeigt wie der legendäre VW Golf, mit dem er 1974–75 von Alaska nach Feuerland fuhr. In einem 500 Jahre alten Gebäude beim Schloss des Fürsten Max Willibald von Waldburg-Wolfegg fand der Oldtimerfan Busch schließlich einen Platz für seine große Sammlung, den er für seine Zwecke umgestalten durfte. Seit seinem Tod 2010 wird sein Lebenswerk von seiner Tochter Anka Busch weitergeführt. Die Sammlung Fritz B. Busch zieht Ende 2016 ins Traktormuseum Uhldingen-Mühlhofen um. *Öffnungszeiten:*
März–Nov., tägl. 9–17 Uhr,
Nov.–März, So. 10–17 Uhr
Per Auto und Bahn, Haltestelle
»Bahnhof Wolfegg«, gut zu erreichen.

Automuseum Fritz B. Busch • Fritz-B.-Busch-Weg 1 • D-88364 Wolfegg
Tel. +49 7527 6294 • www.automuseum-busch.de

Eingang ins Museumsgebäude Nr. 2

Tolle Läden mit viel Zubehör

Im Obergeschoss warten etliche Liebhaberfahrzeuge auf den Frühling!

Die Oldtimerfabrik Classic wurde 2010 eröffnet und ist seitdem ein Treffpunkt für viele Old- und Youngtimer-Besitzer oder solche, die es werden wollen. Untergebracht in einem ehemaligen Industriegebäude bietet sie auf 5.000 qm neben Einstellflächen für Young- und Oldtimern auch kompetente Ansprechpartner zum Thema Restauration, Pflege und Reparatur. Außerdem ist sie eine tolle Adresse für Handel und Vermietung rund ums Automobil sowie für Veranstaltungen in nostalgischem Rahmen.

Aber auch die Gastronomie die im schönen Klinkerbau untergebracht ist kann sich sehen lassen. Nicht nur wegen der vielen, spannenden Events rund ums »alte Blech« wird ein Ausflug in die Erlebniswelt »Oldtimerfabrik Classic« zu etwas ganz Besonderem. Denn hier gibt's für die ganze Familie viel zu sehen und zu entdecken. Viel Vergnügen dabei!
Öffnungszeiten: Mo.–Fr. 8–18 Uhr
Sa. 9–18 Uhr und So. 10–18 Uhr
Der Eintritt ist frei. Per Auto oder Bahn, »Bahnhof Neu-Ulm«, gut zu erreichen.

Oldtimerfabrik Classic • Lessingstraße 5 • D-89231 Neu-Ulm
Tel. +49 731 70511844 • www.oldtimerfabrik-classic.de

In den überdimensionalen „Vitrinen" in Neu-Ulm sind die unterschiedlichsten Fahrzeuge sicher aufgehoben

4 MUSEUM PATINA

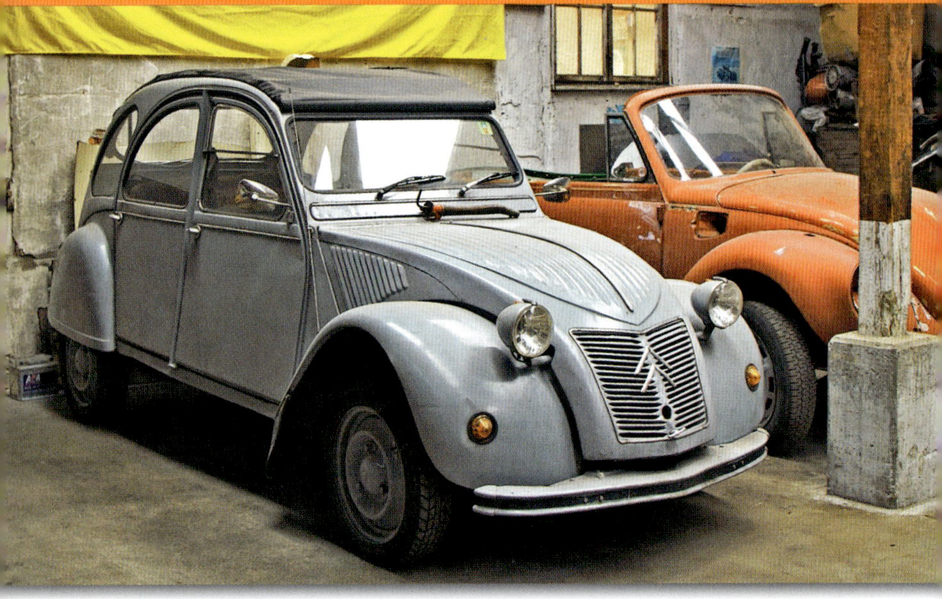

Das etwas andere Museum mit Exponaten, die noch einiger Aufmerksamkeit bedürfen

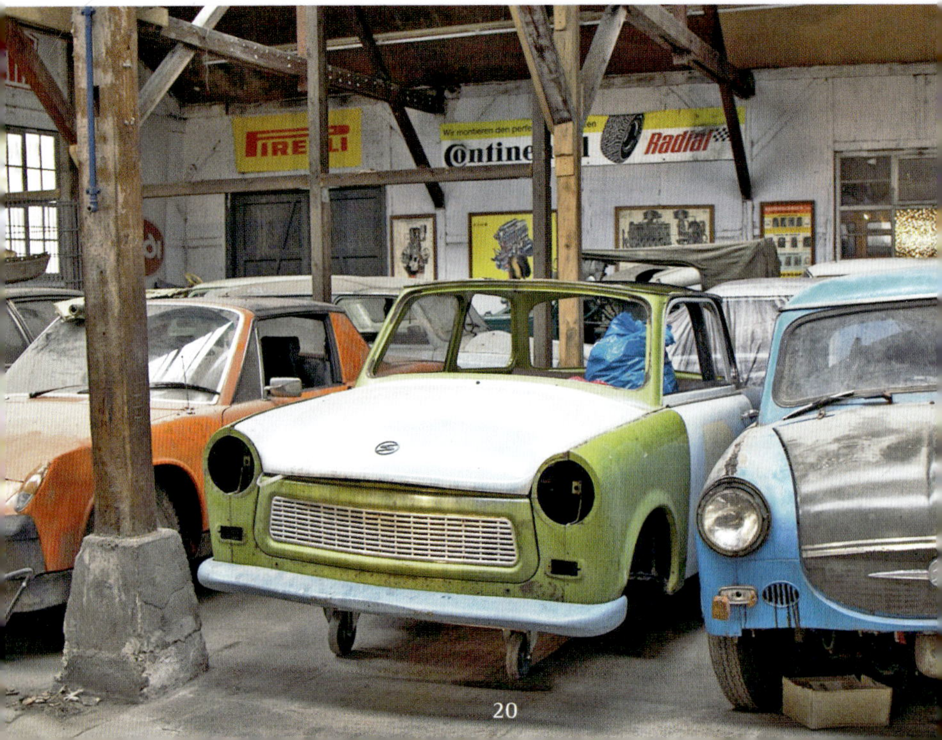

Der etwas morbide Charme der Fahrzeuge hat doch was!

Leicht zu finden ist es nicht wirklich, das Museum Patina zwischen den Gebäuden einer ehemaligen Textilfabrik. Aber die Suche lohnt, denn hinter der Backsteinfassade mit Hinterhofatmosphäre warten ca. 30 Autos und ebenso viele Motorräder darauf, wieder fit gemacht zu werden. ‚Nomen est omen', denn alle Exponate werden dem Motto gerecht. Markus Paschke und seinen Freunde betreiben eben kein Museum im herkömmlichen Sinn. Auf diesem »Männerspielplatz« sind hauptsächlich VW-Modelle zu finden, aber auch DKW, Audi und Ford. Natürlich alle mit viel Patina. Dazu kommen Mopeds, Motorroller und weitere Räume mit Modellautos und skurilem Krimskrams. Eine kleine Museumskneipe, namens »Rostlaube« gibt's auch! *Öffnungszeiten: Jeder letzte So. im Monat, 10–16 Uhr, Eintritt frei. Per Auto und Bahn, »Bahnhof Ebersbach«, gut zu erreichen.*

Museum Patina • Markus Paschke • Hauptstraße 52-54 • 73061 Ebersbach/Fils
Tel. +49 176 15557463 • www.museum-patina.de

Die Öchsle-Lok »Rosa« im Lokschuppen Warthausen

Die Öchsle-Schmalspurbahn auf Fahrt vom Lokschuppen in Warthausen nach Ochsenhausen

Als 1850 der Bau der Südbahn von Ulm nach Friedrichshafen am Bodensee beendet wurde, wollte Oberschwaben natürlich nicht Nachstehen. Aus diesem Grund beschäftigte sich ab 1879 die Königlich Württembergische Staatseisenbahn mit dem Bau eines 750-mm-Schmalspurnetzes zwischen Biberach–Ochsenhausen–Memmingen. Die Eröffnung und Inbetriebnahme fand Ende 1899 im November statt. Zunächst standen für den Betrieb zwei Dampfloks, acht Personenwagen, zwei Gepäckwagen, diverse Güterwagen und drei Rollbockpaare zur Verfügung. Nach der Stilllegung 1964 sowie einem 20-jährigen »Dornröschenschlaf« erlebte die Öchslebahn ihren zweiten Frühling. Denn 1984 wurde der Öchsle-Schmalspurbahn-Verein mit dem Ziel gegründet, die Bahn als technisches Denkmal zu erhalten. Nach etlichen Sanierungsarbeiten fuhr schließlich Mitte 1985 tatsächlich der erste Museumszug. Aufgrund von zahlreichen Problemen musste der Museumsbetrieb zwischenzeitlich zwar mehrmals eingestellt werden, aber zum Glück sind diese aus der Welt geschafft und heute fahren ca. 50.000 Gäste pro Jahr mit der Bahn.

»Knopf & Knopf«, Bahnhof Warthausen

Von Mai bis Okt. verkehren an allen So. und am 1. und 3. Sa. im Monat sowie zusätzlich an allen Do. im Juli, Aug. u. Sept. je zwei Zugpaare von Warthausen nach Ochsenhausen. In der kalten Jahreszeit gibt es auch Winter-, und Nikolausfahrten sowie Sonderzüge, die das Angebot ergänzen. Übrigens ist die Öchsle-Museumsbahn im Kursbuch der Deutschen Bahn unter der Nummer 12752 zu finden.

Fahrplan:

Warthausen	*ab 10.30 Uhr und*	*14.45 Uhr*
Ochsenhausen	*an 11.40 Uhr und*	*15.55 Uhr*
Ochsenhausen	*ab 12.00 Uhr und*	*16.15 Uhr*
Warthausen	*an 13.10 Uhr und*	*17.25 Uhr*

TIPP: Nostalgie-Bahnfahrt
www.sauschwaenzlebahn.de
www.waelderbaehnle.at

Öchsle Bahn

Öchsle-Bahn, Städtisches Verkehrsamt • Marktplatz 1 • D-88416 Ochsenhausen
Tel. +49 7352 922026 • www.oechsle-bahn.de

In den Schnee

Modelle und Entwürfe

Ein VW »Bulli T1« der speziellen Art

Entlang der Geschichte des Campings

Nicht nur Outdoorfans werden ihre Freude haben, denn das Erwin-Hymer-Museum in Bad Waldsee spannt einen großen Bogen rund ums Thema Reisen.
Anhand etlicher Beispiele und Exponate wird in Bad Waldsee Camping von den einfachen Anfängen bis hin zur luxuriösen Gegenwart ausgestellt und erlebbar! Das aus zwei imposanten Gebäuden bestehende Museum sticht schon von weitem ins Auge. Die futuristische Form soll an ein stehendens und ein liegendes Caravan-Fenster erinnern. Durch die riesigen Glasfassaden lässt sich so schon von außen ein Blick auf die zahlreichen Exponate werfen, die hier auf ca. 6.000 Quadratmetern ausgestellt werden. Von innen sind bei Fernsicht sogar die Alpen zu sehen und die mehr als 80 historischen Wohnwagen und Reisemobile, die in der Dauerausstellung gezeigt werden, laden ein zur Entdeckungstour durch die Geschichte des mobilen Reisens.

Die teilweise exotischen Exponate wecken sicher die Sehnsucht nach den Traumrouten der Welt! Hier kann aber auch viel über die Entwicklung, Technik und das Design ihrer Zeit und die Geschichte der Pioniere des mobilen Reisens erfahren werden. Interaktiv zum Anfassen und Mitmachen. Nützliches aus der Welt des Campings ist im Foyer zu finden. Im Angebot sind Bücher, Reiseführer und Postkarten, die direkt verschickt werden können. Im Museum finden zudem regelmäßig spannende Veranstaltungen rund ums Reisen statt. Aktuelles ist im Internet zu finden! Die Sammlung der Erwin Hymer Stiftung besteht zwar schon aus ca. 250 Fahrzeugen, Reisemobilen, Wohnwagen, PKW und Zweirädern, nichtsdestotrotz ist das Hymer-Team aber immer auf der Suche nach weiteren außergewöhnlichen Exponaten. Wer also ein interessantes Fahrzeug in der Garage stehen hat oder jemanden kennt,

Reisebegleiter, die viel gesehen haben

Auch Einblicke ins Innenleben vieler historischer Wohnwagen sind möglich!

der es gerne dem Museum überlassen würde, kann gerne Kontakt aufnehmen! Schade finde ich nur, dass beim Betreten des Museums durch die offene Bauweise wenig Raum für Überraschung bleibt und fast alle Fahrzeuge auf den ersten Blick zu sehen sind. Doch dafür hat jedes einzelne Gefährt seine eigene, spannende Geschichte zu erzählen, was dieses kleine Manko wieder mehr als wettmacht! Das Museum sucht seinesgleichen und ist nicht nur für Campingfans zu empfehlen. Viel Spaß auf eigener Traum-Reise!

Öffnungszeiten:
tägl. 10–17 Uhr, Do. bis 21 Uhr.
Einlass bis 1 Std. vor Schluss.
Per Auto und Bahn, Haltestelle »Bahnhof Bad Waldsee«, gut zu erreichen.

TIPP: News und Adressen
www.caravan-museum.de

Erwin-
Hymer-
Museum

Einem Wohnwagenfenster nachempfunden

Erwin Hymer Museum • Robert-Bosch-Straße 7 • D-88339 Bad Waldsee
Tel. +49 7524 9766760 • www.erwin-hymer-museum.de

Ford »Edsel« mit einem »Dreamliner« im Schlepptau

Die Highlights der Ausstellung im »Salzstadl« sind sicher die alten Einsatzwagen

Erst im Jahr 1983 wurde im Dachgeschoss des, von 1353 bis 1355 erbauten, »Salzstadl« Ravensburg Platz für das schöne Feuerwehrmuseum geschaffen. Dadurch konnte viel historische Feuerwehrtechnik erhalten und für Besucher zugänglich gemacht werden. Seitdem gewährt die wirklich sehenswerte Ausstellung auf mehr als 600 qm Einblick in Ausrüstung, Brandbekämpfung und die Uniformen der 1847 gegründeten Freiwilligen Feuerwehr Ravensburg. Liebevoll betreut von ehemaligen Feuerwehrleuten, wird hier die Entwicklung der Löschtechnik bis heute gezeigt. Glanzstücke der Ausstellung sind sicher die 15 Großgeräte, die mit vielen anderen Exponaten unter der wunderschönen hölzernen Dachkonstruktion des in Fachwerkbauweise errichteten Gebäudes untergebracht sind. Selbstverständlich besteht, nach vorheriger Anmeldung, auch die Möglichkeit, die aktuellen Fahrzeuge samt Technik der Einsatzabteilung der Feuerwehr Ravensburg kennenzulernen. Eine sachkundige Führung durch Wolfgang Gold lohnt sich beim Museumsbesuch auf jeden Fall. (Tel. +49 171 6111444 oder wolfgang.gold@gmx.de)

Öffnungszeiten:
Apr.–Okt. jeden 1. So. von 10–12 Uhr
Der Eintritt ist frei. Per Auto und Bahn, Haltestelle »Bahnhof Ravensburg«, gut zu erreichen.

TIPP: Weitere Feuerwehr-Museen in Salem und Hard (A)

Feuerwehr-
◄ museum

Freiwillige Feuerwehr Ravensburg • Charlottenstraße 40 • D-88212 Ravensburg
Tel. +49 751 3838 • www.feuerwehr-ravensburg.de

Fahnen mit Vereinswappen

Feuerwehrhelme in allen Formen

Die vielen Vitrinen zeigen Feuerwehr-Modellautos und unterschiedliche -Uniformen

Zahlreiche Vitrinen mit handgefertigten Schiffsmodellen, verteilt im ganzen Erdgeschoss

Für Freunde historischer Schiffsmodelle ist der Besuch der »Schwimmenden Kunstwerke« von Kressbronn ein Muss. Das 1829 erbaute Schlössle liegt nur wenige Minuten vom See entfernt im idyllischen Schlössle-Park. In seinen renovierten Räumen im Erdgeschoss können während der Sommermonate die Werke des Künstlers und Bootsbauers Ivan Trtanj besichtigt werden. In kunsthandwerklicher Feinstarbeit hat Ivan Trtanj seit den 70er Jahren ein großartiges Werk original- und detailgetreuer Prunkschiffe des 18. Jahrhunderts geschaffen. Dabei zählen Lustschiffe und Prunkbarken der europäischen Königshäuser aus dem Barock und Rokoko zu den Lieblingsmodellen des Künstlers. Die originalgetreuen Nachbildungen bieten einen Einblick in das Leben der Schiffsbesatzung und der darauf beförderten Adeligen dieser Zeit. Unter den Schiffsmodellen befinden sich Schiffe wie die legendäre »Bounty«, die

englische Fregatte (1784), auf der die berühmte Meuterei in der Südsee stattfand, sowie Modelle des Bodensee-Lastschiffs »Segner« und der »Schebecke«, einem Dreimastsegler aus dem Mittelmeerraum.

Bis ins letzte Detail höchste Präzision

Eine französische Galeere

Nicht nur Schiffsmodelle sind zu sehen

Eine Vitrine voller Musketen

Auf mehrere Räume verteilt, können ca. 40 Holzmodelle bestaunt werden

Ivan Trtanj bei seiner diffizilen Arbeit

Jedes Schmuckstück hat seine Vitrine

Der 1945 im jugoslawischen Banat geboren und gelernter Schiffsschmied Trtanj gilt als einer der letzten seiner Zunft. Seinen Beruf übt er bis heute mit Hingabe aus, denn elegante und kunstvolle Schiffsformen sind sein Lebensinhalt. Über viele Jahre entstanden so unvergleichliche Schiffsmodelle. Die originalgetreu, nach Gemälden oder Plänen nachgebauten Yachten und Ruderschaluppen aus verschiedenen europäischen Königshäusern der Epoche von 1736 bis 1814 sind unverwechselbare Beispiele seiner zurückhaltenden und persönlich geprägten Schnitzkunst. Die Bedeutung der Schifffahrt und Schiffsromantik verbindet er gekonnt mit den typischen Stilformen des Rokoko und des Barock.

Die Dauerausstellung, die im Schlössle in Kressbronn zu bewundern ist, zeigt ca. 40 seiner historischen Schiffsmodelle. Allesamt im unglaublichen Zeitraum von über 40 Jahren in meisterhafter Feinstarbeit entstanden. Deshalb sollten nicht nur Modellbau-Fans dieses Museum unbedingt gesehen haben!

Öffnungszeiten:
April–Okt. Di.–So. 10–12 Uhr
und 15–18 Uhr. Führungen mit Ivan Trtanj nach Vereinbarung. Eintritt mit Kressbronner Gästekarte kostenlos!
Per Auto und per Bahn, Haltestelle »Bahnhof Kressbronn«, gut zu erreichen.

Museum im Schlössle

Museum im Schlössle • Seestraße 20 • D-88079 Kressbronn
Tel. +49 7543 547460 • www.historische-schiffsmodelle.com

Blick vom Aussichtsturm auf das Zeppelinmuseum

Maybach »Zeppelin« unterm Zeppelin

Anhand des nachempfundenen Zeppelin-Rumpfs sind dessen Dimensionen zu erahnen

Mitten im Stadtkern, direkt neben dem Hafen, wird im Zeppelinmuseum schon schon seit längerer Zeit sehenswerte internationale und regionale Kunst aus dem Bodenseeraum »Höri« gezeigt. Aber nicht die Kunst allein macht das Museum zu etwas ganz Besonderem. Beheimatet es doch nicht nur eine der weltgrößten Sammlungen zur Geschichte des Luftschiffbaus, sondern auch große Kunstbestände des Bodenseeraums. Wertvolle Sammlungen, wie die des Otto Dix, gehören dazu. Spannung soll durch diese Kombination aus Technik und Kunst entstehen, aus Sammlung und Ausstellungen ein neuer Schwerpunkt gebildet werden. Themen aus der Technikgeschichte, die in die Kunst der Architektur und des Design reichen, sollen vorgestellt und untersucht werden. Andererseits beschäftigen sich die Sammlung und die künftigen Ausstellungen aber auch mit dem künstlerischen Aspekt, der Erkenntnisse aus Wissenschaft und Technik nutzt und verbindet.

Als die Besucherzahl 1987 schon mehr als 100.000 erreichte, war der Museumsflügel im Rathaus diesem Ansturm nicht mehr gewachsen. Die Idee eines Neubaus lag deshalb schon auf dem Tisch, als sich Ende der 80er die Möglichkeit ergab, den Hafenbahnhof zu erwerben. Die Stadt Friedrichshafen übernahm mit Hilfe des Zeppelinmuseums e. V. dann den Umbau.

Über eine Glastreppe geht's zur Kunst

Regelmäßig finden Kunstausstellungen statt, wie die der »Sammlung Andreas Feininger«

Seit 1996 stehen deshalb rund 4.000 qm Ausstellungsfläche für die Sammlungen, Technik und Kunst, die Räume der Museumspädagogik, das LZ-Archiv, die Bibliothek sowie für das Restaurant und den Shop zur Verfügung. Das Museum kann dort seine inzwischen mehr als 240.000 Besucher pro Jahr gebührend empfangen. Aber damit nicht genug, wurde im Jahr 2009 auch mit der Neugestaltung des Museums begonnen. Denn es soll sich auch künftig wandeln und zeitgemäß präsentieren, anstatt langsam Staub anzusetzen. Ein guter Ansatz! Er könnte dafür sorgen, dass das Museum lebendig bleibt. Soll es doch auch ein Platz für Freizeit und Unterhaltung sein. Eine geförderte Bildungseinrichtung, die die kulturelle Aufgabe der geschichtlich-en Vermittlung, des Sammelns, Forschens und Bewahrens nicht vernachlässigt. In diesem Sinne wurde das Museum 2014 umgestaltet und thematisch erweitert. Natürlich, wen wundert's, gefällt mir als Fotograf die sehenswerte Arbeit und Sammlung von Andreas Feininger!

Teile der ehemaligen Anlegevorrichtung

Öffnungszeiten:
Mai–Okt. tägl. 9–17 Uhr,
Nov.–Apr. Di.–So. 10–17 Uhr
Einlass bis jeweils 16.30 Uhr.
Per Auto, Fähre und mit der Bahn,
Haltestelle »Friedrichshafen, Hafen«,
sehr gut zu erreichen.

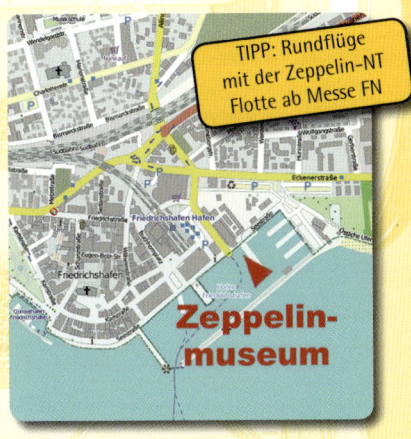

TIPP: Rundflüge mit der Zeppelin-NT Flotte ab Messe FN

Zeppelin-museum

Zeppelinmuseum Friedrichshafen GmbH • Seestraße 22 • D-88045 Friedrichshafen
Tel. +49 7541 38010 • www.zeppelin-museum.de

Jedes Jahr viel los auf den »DO-Days«

Schon das Gebäude fällt auf, besonders bei Nacht. Auf 5.000 qm Fläche ist Platz genug für den Museumsbetrieb, die Flugzeuge und einen Flugsimulator. Das Museum zeigt abwechselnd ca. 400 Exponate aus dem reichhaltigen Fundus, der mit dem Namen Dornier verbunden wird, und steht wie kaum ein anderes für über 100 Jahre Luft- und Raumfahrtgeschichte. Originalflugzeuge, Exponate aus der Raumfahrt, Nachbauten im Originalmaßstab der Flugzeuge »Dornier« „Merkur" und des „Wal". Technikbegeisterte, Geschichtsinteressierte, Familien und Freunde der Luftfahrt werden ihre Freude haben in Friedrichshafen, der eigentlichen Geburtsstätte der Firma Dornier.

Durch die Nähe zum neuen Flughafen werden die Zusammenhänge von den Anfängen der Luftfahrt bis zum heutigen Flugverkehr live erlebbar. Auch individuelle Führungen sind auf Wunsch buchbar. Das Museum hat sich inzwischen auch durch seine zahlreichen Veranstaltungen einen Namen gemacht. Denn in regelmäßigen Abständen finden dort interessante Vorträge und Konzerte statt. Der kleine Hunger wird im „Do-X Restaurant" mit Leckereien aus regionaler Küche gestillt. Im Sommer sogar auf der Terrasse, während startende und landende Flugzeuge oder ein Zeppelin beobachtet werden können. Da kommt wirklich Freude auf!
Kombi-Ticket:
Luftfahrt-Fans können für das »Zeppelinmuseum« und das »Dornier Museum« ein Kombi-Ticket erwerben, mit dem innerhalb einer Woche beide Museen zum Pauschalpreis besucht werden können.
Öffnungszeiten:
Mai–Okt. tägl. 9–17 Uhr,
Nov.–Apr. Di.–So. 10–17 Uhr.
Per Auto, direkt an der B30, und per Bahn, Haltestelle »Friedrichshafen Flughafen«, sehr gut zu erreichen.

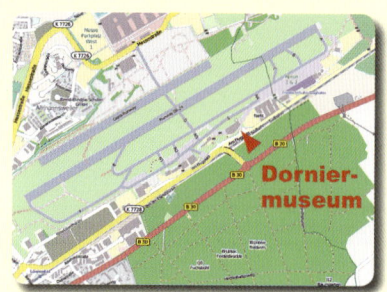

Das Museum, Ziel für manche Ausfahrt

Dorniermuseum • Claude-Dornier-Platz 1 • D-88046 Friedrichshafen
Tel. +49 7541 4873600 • www.dorniermuseum.de

LaSalle »340 Sedan« aus den 30ern

In Vitrinen und auf Schautafeln kann die Entwicklung der Firma Dornier nachvollzogen werden

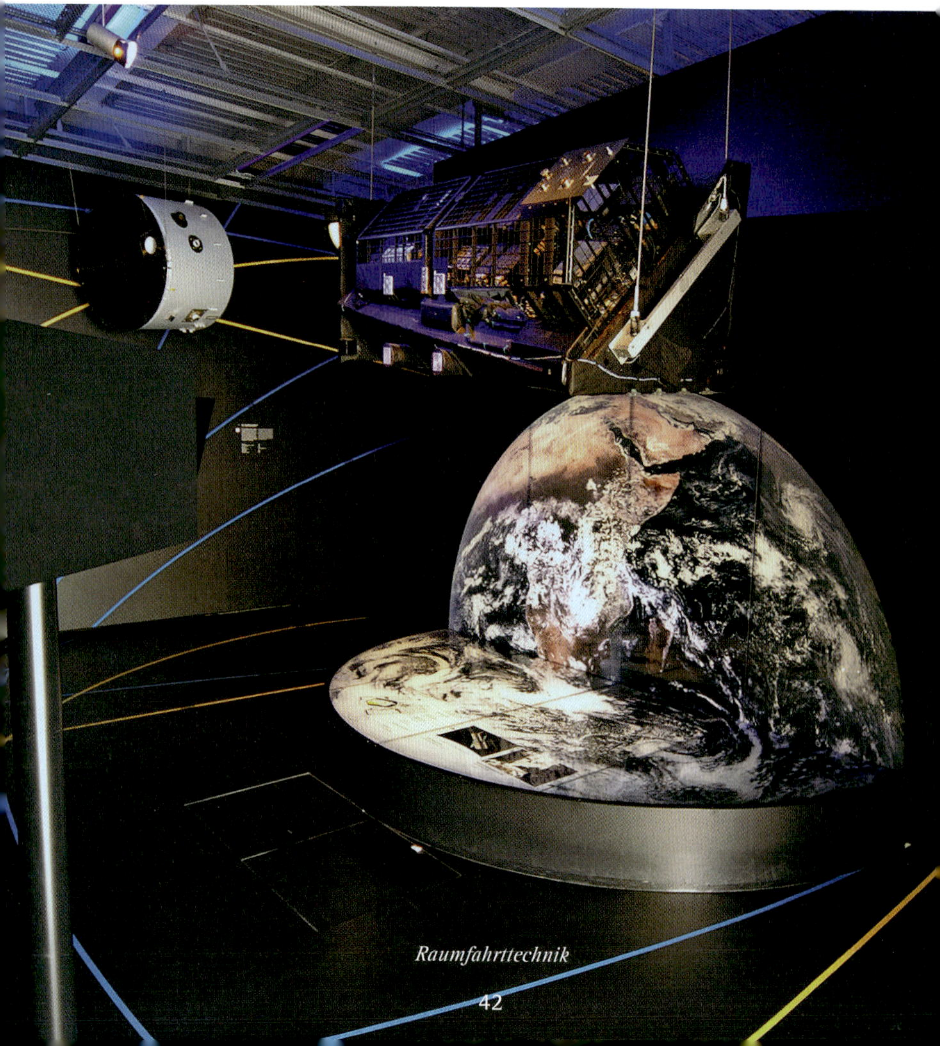

Raumfahrttechnik

Flugsimulator

11 ZEPPELINMUSEUM MEERSBURG

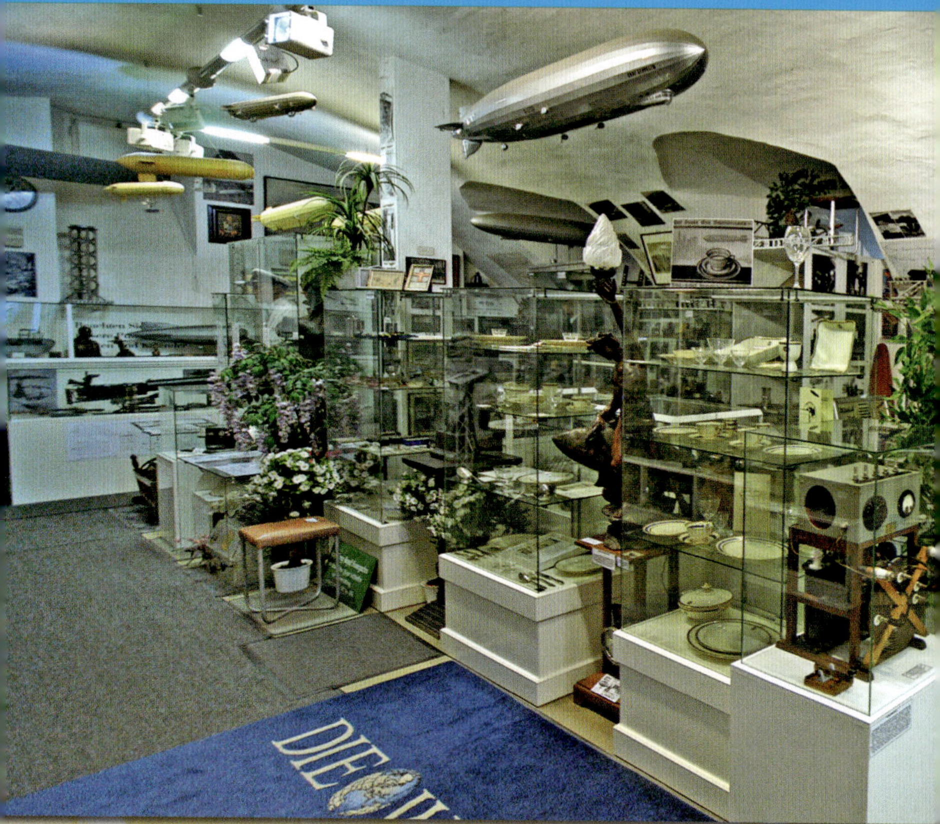

Technik, Literatur, Geschirr und Accessoires: alles Originale aus damaligen Zeppelinen

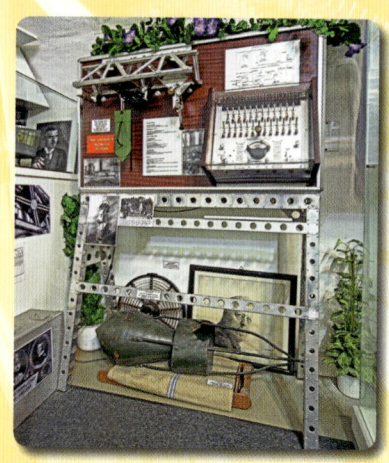

Etwas versteckt, aber schön inmitten von Meersburg gelegen, ist das private geführte Zeppelinmuseum zu finden. Im Ausstellungsraum werden neben Accessoires auch Waffen und Militeria gezeigt. Der Museumsbetreiber hat sogar ein Buch von 3,5 kg geschrieben, das sich mit der »schweren« Kost der Geschichte der Zeppeline im Krieg befasst. Originale Fundstücke und selbst gebaute Zeppelin-Modelle runden die gezeigte Vielfalt ab. Da es aus Platzgründen nicht möglich ist, alle Preziosen der Sammlerfamilie gleichzeitig zu zeigen, werden ab und an

Original Zeppelin-Technik

die Exponate ausgetauscht. Vor allem für Geschichtsinteressierte ist dieses Museum ein Muss und Geheimtipp!

Öffnungszeiten: tägl. 10–18 Uhr. Per Auto, Bahn, »Hafenbahnhof Friedrichshafen«, sowie per Fähre Meersburg gut zu erreichen.

Blick auf das Zeppelinmuseum (rechts)

Zeppelinmuseum Meersburg • Schlossplatz 8 • D-88709 Meersburg
Tel. +49 7532 7909 • www.zeppelinmuseum.eu

Traktoren aus aller Herren Länder

Über 200 Traktoren auf mehr als 10.000 qm, dazu Handwerksstätten mit altem Werkzeug aus allen Generationen der letzten 100 Jahre Landlebens. Es ist eine spannende Zeitreise, die Gerhard Schumacher, dessen Liebe für alte Traktoren unübersehbar ist, hier aufgebaut hat. Am Stammtisch geboren, wurde aus der Idee schließlich im Jahr 2011 nach jahrelanger Standortsuche Realität. Denn im »Jägerhof« in Gebhardsweiler am Bodensee konnte endlich mit den umfangreichen Baumaßnahmen begonnen werden.

Traktoren im passenden Umfeld

Haushaltsladen. Die alte Dorfschule darf natürlich auch nicht fehlen. Trotz der tollen Umgebung bleiben die Traktoren natürlich die Hauptattraktion des Museums. Das jüngste der gezeigten Exponate ist einer der großen Schlütertraktoren aus dem Jahr 1970. Der älteste, noch auf Holzrädern laufende Traktor stammt von 1906. Zahlreiche Sonderausstellungen über die unterschiedlichen Marken run-

Traktor oder Roadster?

Jung und Alt, Groß und Klein, weiblich oder männlich, das Traktormuseum Bodensee ist wirklich für alle Besucher ein unvergessliches Erlebnis. Die außergewöhnliche Zeitreise durch über 100 Jahre ländlichen Lebens beginnt gleich mit dem Rundgang durch das einzigartige Museum. Wie bei einem Besuch eines Bauerndorfes, wie sie früher üblich waren, kommt man vorbei an Werkstätten: an einer Dorfschmiede und Fassmacherwerkstatt oder einem Spielwaren- und

Eine alte Schuhmacherwerkstatt

Bulldog-Modelle am Ende des Rundgangs

»Edel-Traktor« im Messinglook

den das Bild über die ersten Versuche, die Landwirtschaft zu motorisieren, ab. Wer bei all den Geschichten über die Produktion von Nahrung Hunger bekommen hat, wird im angeschlossenen Gasthaus »Jägerhof« bestens versorgt. Alles in allem wird ein Besuch des Museums wirklich zu einem perfekten Familienausflug, den ich guten Gewissens empfehlen kann. Solche Traktoren hatte ich bis dahin nie gesehen. Viel Spaß beim Staunen!

Öffnungszeiten:
31. März–1. Nov., tägl. 9.30–17.30 Uhr
2. Nov.–6. Jan., tägl., außer Mo.
10–17 Uhr
Per Auto und Bahn, »Bahnhof Uhldingen-Mühlhofen«, oder mit dem »Erlebnisbus« gut zu erreichen.

Traktormuseum Uhldingen-Mühlhofen • Gebhardsweiler 1 • D–88690 Uhldingen-Mühlhofen • Tel. +49 7556 928360 • www.traktormuseum.de

Eine kleine Delegation aus den Vereinigten Staaten ist ebenfalls vertreten

Schon in jungen Jahren begeisterte sich der leidenschaftliche Oldtimer-Sammler und Namensgeber der Autosammlung Hans-Jochen Steim für Automobile. Mit einem Ford A aus dem Jahr 1928 fing alles an. Zahlreiche Fahrzeuge von 1902 bis heute kamen hinzu und Hannes Steim, Sohn des Unternehmers, erweiterte die Sammlung um seltene »Youngtimer« sowie amerikanische Fahrzeuge. Schließlich wurde die Sammlung im Jahr 2005 öffentlich gemacht und die Dr.-Ing. Hans-Jochen Steim-Stiftung gegründet. Der Neubau des rot-grauen Stiftungs-

Spezial-»Ente«, Citroën 2CV

Ford »Tin Lizzy«

Auf zwei Etagen wird die Sammlung Steim samt wechselnden Leihgaben gezeigt

Gebäudes ist auf dem ehemaligen Gelände der Firma Kern-Liebers im Zentrum von Schramberg zu finden. Er bietet den rund 110 seltenen Fahrzeugen auf zwei Etagen eine Ausstellungsfläche von 3.000 qm. Nimmt man die anderen drei Museen »Auto- und Uhrenmuseum«, »Dieselmuseum« und »Eisenbahnmuseum Schwarzwald« hinzu, sind es sogar ca. 8.000 qm. Außer spannenden Geschichten über

Schon von weitem ein imposanter Anblick

den internationalen Automobilbau der letzten 110 Jahre veranschaulichen die exklusiven Exponate auch die Entwicklung der unterschiedlichen Automarken. Außerdem finden in der Autosammlung wechselnde Sonderausstellungen wie beispielsweise die »Autouhren aus der Uhrensammlung Junghans« (1905-1948) statt. Im ständigen Wechsel werden zudem Leihgaben unten anderem aus der »Collection Schlumpf« gezeigt. Wer alle vier Museen besuchen möchte, sollte dafür einen ganzen Tag einkalkulieren. Es lohnt sich, versprochen!
Öffnungszeiten:
15. März–31. Okt. Di.–So. 10–18 Uhr
1.–15. Nov. Di.–So. 10–17 Uhr
16. Nov.–14. März. Sa. u. So. 10–17 Uhr
Per Auto oder per Bus von Rottweil oder Schiltach gut zu erreichen.

Autosammlung Steim • Göttelbachstraße 49 • D-78713 Schramberg
Tel. +49 7422 9790901 • www.autosammlung-steim.de

Augen, die entzücken können

F1-Toyota von Ralf Schumacher, 2005

Bugatti »Type 57 SC Corsica Coupe«

4. OG   »Uhr-Zeiten«, Die Geschichte der Uhr im Schwarzwald

3. OG   »Auto-Zeiten«, Not macht erfinderisch, Nachkriegsjahre 1945–50

2. OG   »Auto-Zeiten«, Alle wollen Autos, Aufbaujahre 1950–55

1. OG   »Auto-Zeiten«, Massenmotorisierung, Wirtschaftswunderjahre 1955–70

EG   »Auto-Zeiten«, Sammlung Martin Sauter, NSU – das schwäbische Autowunder

Der gigantische Diesel des Museums

Eingang zum Dieselmuseum ...

... den Schlüssel gibt's an der Kasse

Mittels unzähliger Exponate spannt die Ausstellung des Auto- und Uhrenmuseums »ErfinderZeiten« den großen Bogen von der Uhr zum Automobil. Diese Kombination war im Schwarzwald, vor allem aber in Schramberg der Antrieb zur Industrialisierung. Wirklich sehr spannend und detailliert wird gezeigt, auf was es nach dem Zweiten Weltkrieg ankam und welche Kreativität die Menschen an den Tag legten, um wieder etwas Mobilität zu haben. Auf fünf absolut sehenswerten Etagen ist nicht nur viel über diesen Teil der deutschen Geschichte zu erfahren, es gibt auch etliche Kostbarkeiten zu entdecken. Uhrmacherwerkstatt, Maschinensaal oder Entwicklungslabor sowie historische Ladenpassagen. Begleitet von zeitlich passenden Fahrzeugen, kommt man von oben nach unten in der heutigen Zeit an. Wirklich toll gemacht! *Öffnungszeiten: Mitte März–Okt. Di.–So. 10–18 Uhr, Nov.–Mitte März Di.–So. 10–17 Uhr (Anfahrt siehe Autosammlung Steim)*

Auto- & Uhrenmuseum • Gewerbepark H.A.U. 3/5 • D-78713 Schramberg
Tel. +49 7422 29300 • www.auto-und-uhrenwelt.de

Sogar die Modellhäuser sind allesamt spezielle, von Hand gemachte Einzelanfertigungen

Die Bahnbetriebswerk-Anlage zeigt auf 8 x 1,4 m den Arbeitsablauf abseits des Bahnsteigs

Ein Beispiel der vielen Modelle einer Dampflokomotive

Im Bahnbetriebswerk füllen die Loks ihren Bedarf an Kohle, Wasser und Sand auf

Die weltgrößte Spur-2-Sammlung ist auf der ca. 750 qm großen Eisenbahnlandschaft des Museums zu finden. Aber auch 170 laufende Meter Glasvitrinen mit einem Teil der ca. 900 handgefertigten Eisenbahnmodelle, die jeweils aus über 3.000 Einzelteilen bestehen. Auf einer 400-qm-Schauanlage können Besucher zahlreiche Funktionen selbst bedienen und die verschiedenen Züge steuern. Die Lokomotiven der Spur-2-Sammlung bestehen sogar aus bis zu 10.000 Einzelteilen. Dabei handelt es sich um Einzelanfertigungen in allerfeinster Modellausführung. Die 500 Supermodelle der Baugröße 1, 2 und 5 sind bis zu 1 m lang und 20 kg schwer. Die Modellbahnschau und die Leihgaben der »Regionalgruppe Süd« stützen sich auf vier Themenkreise im Maßstab 1:22,5:

II-Regelspur, 1435 mm–64 mm Spurw.
IIm-Schmalspur, 1000 mm–45 mm Spur
IIe-Schmalspur, 650-850 mm–32mm
IIf-Feld- und Industriebahn kleiner als 650 mm–26,7 und 30 mm Spurweite
Baugröße II ist wohl der ideale Maßstab.
Öffnungszeiten:
Mitte März–Okt. Di.–So. 10–18 Uhr
Nov.–Mitte März Di.–So. 10–17 Uhr
(Anfahrt s. Autosammlung Steim)

TIPP: www.schwarzwald-modell-bahn.de

Eisenbahnmuseum Schwarzwald • Schrammberger Weg 22 • 78713 Schramberg
Tel. +49 7422 29300 • www.eisenbahnmuseum-schwarzwald.de

*Stilgerechtes Übernachten?
Kein Problem in den aus Oldtimern
gebauten Betten des »V8 Hotels«!*

Bei der Saisoneröffnung wird gefeiert ...

... und die »Schätze« zum Leben erweckt!

1915 eröffnet, ertönen noch bis heute große Motoren am Flugplatz von Böblingen. Allerdings nur noch am Boden. Wo einst Flugzeugführer und Beobachter für militärische Zwecke ausgebildet wurden, befindet sich seit Jahren ein kleines Paradies für Auto- und Motorradenthusiasten. Denn in der von der Stadt Böblingen in den 1920ern errichteten Flugzeughalle finden jetzt motorisierte Kostbarkeiten ein geschütztes Winterlager, wird Handel betrieben, gefeiert und getagt. Natürlich finden auch »Zweibeiner« im »V8 Hotel« ein passendes Nachtlager in Betten, die aus Autoteilen bestehen. Neugierig geworden? Zu Recht, denn eine Nacht darin vergisst man(n) nicht!

Gleich an der Einfahrt Böblingens ist in 30 Metern Höhe der Schriftzug MOTORWORLD am Dach des runden Glasturms »Tower 66« zu lesen. Ein Logo, das in der Szene und bei Autoliebhabern inzwischen etabliert ist. Es steht für einen der Szene-Treffpunkte der Oldtimer und Liebhaberfahrzeuge und der Motorsport- und Biker-Szene. Im modernen Glasbau der in die denkmalgeschützten Hallen des ehemaligen Landesflughafens integriert wurde, erlebt jeder Besucher das Flair von Hunderten fantastischen Fahrzeugen aller Couleur – und das kostenlos. Außerdem gibt es Autowerkstätten, deren Angestellte Spezialisten für Oldtimer und Liebhaberfahrzeuge sind.

Noble Limousinen und Roadster

Für Oldtimer die richtige Plattform

Räumlichkeiten für Events und Tagungen

Egal ob Service oder Restauration, Synergien werden in der Motorworld Stuttgart großgeschrieben. Direkt nebenan befinden sich Servicepartner wie Autopfleger, Gutachter und viele Shops, in denen Accessoires, Modellautos, Literatur, Mode und sogar Feinkost angeboten werden. Der Inhalt der Vitrinen ist so vielseitig wie die Besucher, die die Motorworld besuchen. Die 56 verglasten Einstellboxen des Showrooms machen aber nicht nur optisch etwas her, sondern sind bewacht, klimatisiert und können nicht nur für die kalte Jahreszeit angemietet werden. Auf zwei Etagen werden die edlen Fahrzeuge in ihren gläsernen Garagen übereinander geparkt. Sie zeigen sich von ihrer besten Seite, fast wie im Museum. Die Einstell-boxen sind aber nur für die Eigentümer zugänglich. Aber wer es sich leisten möchte, kann bei Führungen durch die Motorworld einiges über das historische Gebäude erfahren oder die eine oder andere Anekdote aus der Oldtimerei hören. Zudem gibt's reichlich Information über deren Entstehung. Terminvereinbarungen unter: info@motorworld.de

Vor allem bei einer der vielen Veranstaltungen sehenswert und sicher mehr als einen Besuch wert!

Öffnungszeiten:
Mo.–Sa. 8–20 Uhr
So. und feiertags 10–20 Uhr.
Der Eintritt ist frei!
Per Auto, Bahn und S-Bahn, »Bahnhof Böblingen«, sehr gut zu erreichen.

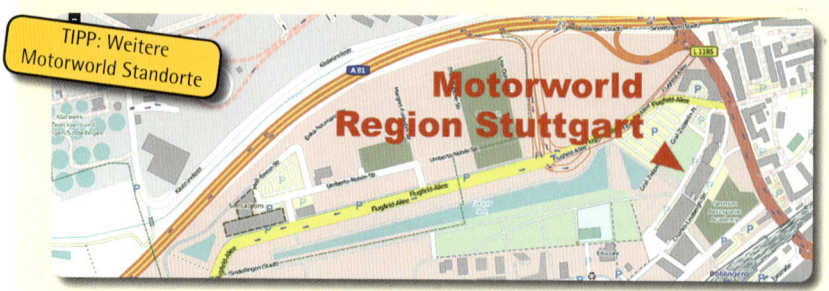

TIPP: Weitere Motorworld Standorte

Motorworld Region Stuttgart

Motorworld Region Stuttgart • Wolfgang-Brumme-Allee 55 • D-71034 Böblingen
Tel. +49 7031 3069470 • www.motorworld.de/stuttgart

»James Dean Spyder«, Skulptur von Giganten aus Stahl, Kiel

Winterschlaf neben regem Treiben, verteilt auf zwei Etagen

Rennmaschinen vor »Klinks Todeswand«

Auf rund 1.000 qm steht eine bunte Mischung aus Autos, Motorrädern und Fahrrädern. Alle fahrbereit und teils sogar bei Oldtimer-Events im Einsatz. Im Auto- und Spielzeugmuseum der Familie Klink werden außerdem über 1.500 Spielsachen wie Puppen, Teddys, Kaufmannsläden, Eisenbahnen, Rutschautos Automodelle und viele Raritäten aus mehreren Jahrzehnten in Szene gesetzt. Dank zahlreicher Sonderschauen, wie der Modelleisenbahn-Schau im Winter, lässt sich bei jedem Besuch Neues entdecken. 1985 gegründet, gehört das Boxenstop zu den ältesten privaten Automuseen Deutschlands. Der Geruch von Rennmotoren und verbranntem Gummi liegt im Museum in der Luft, denn der Name ist Programm. In Reih und Glied stehen ehemalige Rivalen wie ein Maserati 4 CL oder ein Bugatti 37 gesittet nebeneinander. Sportwagen von Ferrari, Jaguar, Porsche und der Mercedes-Benz 300 SL.

Oder Motorräder großer Marken wie MV Agusta, BMW, Honda, Ducati, Norton mit ihren Ein-, Zwei- und Vierzylindern. Anfangs herrschte im Boxenstop mit nur 200 qm akuter Platzmangel. Das sollte sich aber ändern, denn in drei Abschnitten wurde es auf rund 900 qm vergrößert.

In der neuen »Büssinghalle«

Unzählige Vitrinen mit Schiffsmodellen ...   *... Puppenhäusern, Teddys und Puppen*

Neben Rennwagen und exklusiven Fahrzeugen sind die passenden Modelle zu finden

Porsche und Ferrari, friedlich nebeneinander im »Klink'schen Wohnzimmer«

Rennwagen und -motorräder

Leckeres Catering bei Veranstaltungen

Heute erleben die Besucher auf rund 1.000 qm eine Fülle und Vielfalt, die ihresgleichen sucht. Spielsachen wie Eisenbahnen, Autos, Schiffe, Flugzeuge, Dampfmaschinen, Puppen, Puppenstuben und Spiele. Eine alte Märklin-Anlage mit Zügen wie vor 50 Jahren. Zahlreiche Originalplakate und Emailschilder sorgen zusätzlich für ein zeitgenössisches Ambiente. Das Boxenstop ist ein Museum zum Anfassen, Absperrungen sucht man hier vergebens aber ein pfleglicher Umgang mit den Exponaten versteht sich von selbst. Im Jahr 1987 hat Rainer Klink zum ersten Mal zum Oldtimertreffen eingeladen. Auf Anhieb kamen damals 30 alte Autos und Motorräder zusammen. Jedes Frühjahr freuen sich zahlreiche Teams auf die Rallye für »Youngtimer und Klassiker der Zukunft« und im September natürlich auf das »Boxenstop Museumsfest«.

Das Automuseum organisiert aber auch Oldtimertreffen und -rallyes für andere Clubs und geht auf Oldtimer-Reisen. Diese wurden sogar schon mehrfach mit dem »Motor Klassik AWARD« ausgezeichnet. Wer Abwechslung vom Alltag sucht, Leute die sich für alte Auto und Motorräder interssieren, aber auf das Organisatorische verzichten können, werden gut beraten. Denn hier kennt man sich bestens aus und weiß, wie es geht. Sogar ein eigener Reisekatalog existiert! Viel Vergnügen an diesem ganz besondern Ort!

Öffnungszeiten:
Mi.-Fr. 10–12 Uhr und 14–17 Uhr
Sa., So. und feiertags 10–17 Uhr
Nov.–23. Dez. So. und feiertags 10–17 Uhr
25. Dez.–6. Jan. tägl. 10–17 Uhr
24. und 31. Dez. geschlossen. Für Gruppen nach Vereinbarung. Per Auto und Bahn, »Bahnhof Tübingen«, gut zu erreichen.

Boxenstop, Auto- und Spielzeugmuseum • Brunnenstraße 18 • D-72074 Tübingen
Tel. +49 7071 929094 oder 551122 • www.boxenstopp-tuebingen.de

Außer Oldtimern hat das Museum auch die große Kalendersammlung zu bieten

Auf 1.800 qm wird in Hechingens Innenstadt die Kfz-Entwicklung ab 1886 in einem ehemaligen Kaufhaus lebendig. Die Oldtimer-Autos, -Motorräder und -Traktoren sind in Wechselausstellungen und in unterschiedlichen Zuständen zu sehen. Denn im Museum werden neben toprestaurierten Exemplaren auch begonnene Projekte gezeigt. Zudem erhalten Besucher in der Werkstatt sogar Einblicke in den Aufbau einzelner Fahrzeugteile. Oldtimer-Auktionen, -Treffen, Ausstellungen und kulturelle Veranstaltungen runden das Museumsangebot ab.

Eine Zündapp »Bella« neben ...

... einem herrschaftlichen Horch

Die gezeigten Fahrzeuge stammen größtenteils aus Privatbesitz und werden gefahren

Auch Marken wie Opel, Renault und Volkswagen sind vertreten

Ein eher seltener Opel P1 »Caravan«

In Europa wohl einzigartig: Das Kalendermuseum mit seinen teils historischen Kalendern aus den letzten 200 Jahren ist ebenfalls im Museum untergebracht. Viele der im Wechsel gezeigten Kalender zeigen Oldtimer, aber auch andere Motive. Die Sammlung besteht mittlerweile aus sage und schreibe 20.000 Kalendern! (www.kalendermuseum.de)

Öffnungszeiten: So. und feiertags 13–18 Uhr und nach Vereinbarung. Per Auto oder Bahn, »Bahnhof Hechingen«, gut zu erreichen.

Ein kleiner Teil der Kalender-Ausstellung

Oldtimermuseum Zollernalb • Obere Mühlstraße 7 • D-72379 Hechingen
Tel. +49 179 2231257 • www.oldtimermuseum-zollernalb.de

Fiat »Sport«, Baujahr 1942 (links), und Lloyd »LT 600«, Baujahr 1956

Wenn sich am Engstinger Automuseum pünktlich zu Ostern die Türen öffnen, können sie wieder bewundert werden, die schmucken Oldtimer-Fahrzeuge. Ihre Faszination haben sie natürlich über die Wintermonate nicht verloren und in dem charmanten Ambiete der Autos kann mittlerweile sogar geheiratet werden. Auch der Bürgermeister findet die Idee klasse, inmitten der blechernen Trauzeugen zu heiraten, ein extra dafür eingerichtete Heiratsplatz macht's möglich. Hier im 1. OG, wo neben Autos auch viele Nutzfahrzeuge gezeigt werden, wurde

»Back to the future«, DeLorean DMC-12

Gangsterlimousine, Citroën »11CV«

Eine kleine NSU-Parade empfängt die Besucher auf der ersten Etage

Knutschkugel, BMW »Isetta«

Zweiradfans kommen hier auch auf ihre Kosten

dafür sogar der Holzboden geschliffen. Im EG sind viele Motorräder und Mopeds zu finden. Das Museum ist aber auch durch seine vielen Veranstaltungen bekannt geworden. Einer der Höhepunkte der Saison ist mit Sicherheit das jährlich stattfindende Roller- und Kleinwagentreffen im Oktober. Sogar Teilnehmer-Teams der legendären Allgäu-Orient-Rallye legen mit ihren Fahrzeugen vor dem Start beim Museum einen Stopp ein. Im Rahmen der wechselnden Ausstellungen werden auch verschiedene Kfz-Marken, wie zum Beisspiel NSU, durch zahlreiche Modelle vorgestellt. Wirklich interessant!

Auch eine Möglichkeit, um zu heiraten

Öffnungszeiten:
3. April–8. Nov. Sa.,
So. und feiertags 12–18 Uhr.
Per Auto oder Bus gut zu erreichen.

Automuseum Engstingen • Kirchstraße 6 • D–72829 Engstingen
Tel. +49 7129 93990 • www.automuseum-engstingen.de

*Ganz in der Nähe von Schloß Sigmaringen
in der Brauerei Zoller-Hof ist das Zündapp-Museum zu finden*

Fahrräder mit Hilfsmotor und ein »Grüner Elefant«, KS601 mit Beiwagen

Zündapps, wohin das Auge blickt

Ein »Janus«-Kleinwagen

Im Museum der Brauerei Zoller-Hof sind nicht etwa Bierkrüge zu finden! Nein, die rund 100 Exponate stammen alle ausschließlich von Zündapp. Die Zeitreise beginnt 1917 und endet leider 1984. Die Sammlung zeigt nicht nur Motorräder und Mopeds (mit einer 50er Watercooled fing's bei mir an), sondern auch Roller, Rasenmäher, Flug- und Bootsmotoren sowie Nähmaschinen. Ein Highlight ist der Kleinwagen »Janus«. Fritz Neumeyer begann mit der Herstellung von Dampfmaschinen und Spielwaren. Nach dem Krieg beschloss er 1920 Gebrauchsmotorräder wie die »Z22« zu bauen. Ende der 30er war Zündapp gar eine der fünf Motorrad-Marken Europas. Diverse Auto-Prototypen gingen nie in Serie, bis 1957/58. Da erschien »Janus« und wurde immerhin 6.000 Mal produziert. Ab den 50ern wurden nur noch Zweitakter verbaut. Durch die hohe Qualität und Lebenserwartung liefen die Geschäfte gut und 1967 lag der deutsche Marktanteil sogar bei 33 %. Leider reagierte Zündapp aber nicht auf den veränderten Kundengeschmack und so folgte das Aus 1984. Obwohl die Produktionsanlagen danach nach China verschifft wurden, gehören Zündapps bis heute zum Straßenbild.

Öffnungszeiten:
April–Juni und Okt. Sa.–So., 13–17 Uhr
Juli–Sept. Do.–So. 13–17 Uhr
ab 15 Personen, auch nach Anmeldung.
Per Auto und Bahn, »Bahnhof Sigmaringen«, gut zu erreichen.

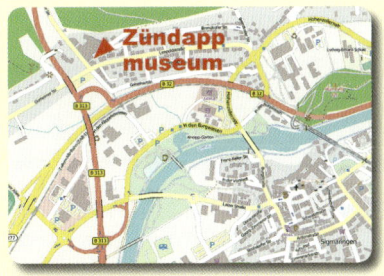

Zündapp-Museum Brauerei Zoller-Hof • Leopoldstraße 40 • D-72488 Sigmaringen
Tel. +49 173 6136277 • www.zuendappmuseum.de

Zwei Highlights: Veritas »Skorpion« und ...

... das einzige verbliebene »Schakomobil«

Blick in die Schloss-Remise und ...

... in eine typische »Schrauberwerkstatt«

Eine ehemalige Remise im Schloss ist doch der ideale Platz für motorisierte Schätze! Das dachten sich auch die Oldtimerfreunde Meßkirch e. V., als sie 1999 ihr Museum darin eröffneten! Aber Meßkirch und Rennsport, war da nicht auch mal was? Genau, ab 1948 wurden hier nämlich die »Veritas«-Renn- und -Sportwagen gebaut. Mit einem davon wurde Karl Kling sogar Deutscher Meister der Sportwagenklasse. Im Erdgeschoss des Museums kann neben Automobilen von 1899 bis in die 1960er ein original »Veritas« bewundert werden, zumindest dann, wenn er nicht gerade unterwegs ist. Im Obergeschoss sind zudem Motorräder aus der Zeit zwischen 1913 und den 1950er Jahren zu finden. Aber auch das weltweit einzige erhaltene »Schakomobil«. Dieser viersitzige Kleinwagen aus dem Jahr 1957 mit Kunststoffkarosserie wurde von der Meßkircher Firma Ferdinand Schad hergestellt. Die Fabrikation währte allerdings nicht lange und wurde kurze Zeit nach dem Tod des Firmengründers eingestellt. Um das Museum lebendig zu gestalten, zeigen die Meßkircher Oldtimerfreunde in regelmäßigen Abständen wechselnde Ausstellungen. Vor dem Besuch am besten nachfragen!

Motorräder im Obergeschoss

77

Im Erdgeschoss wechseln die gezeigen Fahrzeuge, ab und an ist auch ein Veritas dabei

Ein Opel »Blitz«, 1930

Meßkircher »Durst-Löschzug«

Auf die Idee, durch den »Veritas« wieder in den Automobilbau einzusteigen, kamen nach Kriegsende im Jahr 1941 ehemalige BMW-Mitarbeiter (L. Dietrich, G. Meier, E. Loof, W. Miethe) in Frankreich. Dort, wo sie zwangsverpflichtet waren, BMW-Flugmotoren nachzubauen, ergab sich für sie die Möglichkeit, im Dorf Hausen am Andelsbach ein leer stehendes Gebäude der Firma Weimper anzumieten. Aus einem BMW 328, den der Kunde allerdings selber anliefern musste, sollte durch Umbauten ein reinrassiger Renn- und Sportwagen entstehen. Die 328er wurden zerlegt und erhielten ein strom-

linienförmiges Aluminiumgewand, gestützt von einem Kunstwerk aus dünnen Rohren. Diese sogenannten Gitterrohrrahmen machten den »Vertias« nicht nur extrem leicht, sondern auch sehr stabil. Aus den serienmäßigen 80 PS des Motors wurden 115 PS, und obwohl die Umbauten nicht gerade günstig waren, gab es damals etliche Interessenten. Wer einen sieht, kann's sicher nachvollziehen!

Öffnungszeiten:
April–Okt. Sa. ab 14 Uhr,
So. und feiertags 13–17 Uhr
Per Auto und Bahn, »Bahnhof Meßkirch«,
gut zu erreichen.

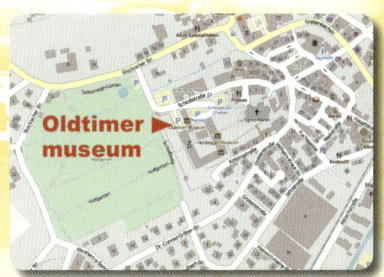

Oldtimermuseum Meßkirch • Schloßstraße 1 • D-88605 Meßkirch
Tel. +49 7571 13706 • www.oldtimer-freunde-messkirch.de/museum

Ford Modell T, »Tin Lizzy«   Modellautos und Filmvorführungen

Motorräder sind im hinteren Gebäudeteil untergebracht

Das Engener Oldtimer- & Fahrzeug-museum hat in einem früheren Auto-haus 2015 eine feste Bleibe gefunden. Heute besteht der 1993 gegründete Verein aus 45 Mitgliedern. Im Museum, das direkt an der Ortsdurchfahrt von Engen liegt, sind derzeit ca. 70 Exponate ausgestellt. Zuvor noch in einer Schleckerfiliale untergebracht, wurden die Exponate 2014 umgelagert und sind inzwischen endlich angekommen. In wechselnden Ausstellungen werden jetzt dort Oldtimer mit zwei, drei und vier Rädern gezeigt.

Die Mitglieder des Oldtimervereins sind entsprechend stolz auf ihr eigenes Museum, dessen Areal ideal für ihre Zwecke geeignet ist. Auf das leer stehende Gebäude mit 300 qm Fläche, gleich an der südlichen Ortseinfahrt, hatte der Vereinsleiter Peter Kamenzin schon länger ein Auge geworfen. 2015 hat's geklappt!
Öffnungszeiten:
nur So. 11–17 Uhr
und nach Vereinbarung
Per Auto oder Bahn, »Bahnhof Engen«, gut zu erreichen.

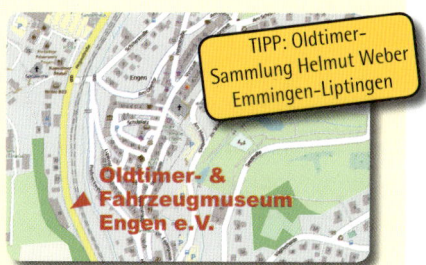

TIPP: Oldtimer-Sammlung Helmut Weber Emmingen-Liptingen

Oldtimer- & Fahrzeugmuseum Engen e. V. • Hegaustraße 18 • D-78234 Engen
Tel. +49 7733 1718 • www.oldtimer-engen.de

Von außen nicht zu erkennen, welche Kostbarkeiten sich auf zwei Etgaen angesammelt haben

Eine kleine Rundfunkabteilung gibts ebenso wie eine Ecke mit Militärausstattung

Opel »Blitz«, Baujahr 1930

Der imposante Blick von oben

Kein Schild, kein Hinweis! Das private Oldtimermuseum von Thomas Bischoff ist wahrschenlich der letzte Geheimtipp. Auf dem Grundstück der Oma in Neumühle baut er mittlerweile seit 1995, mit viel Blick fürs Detail, an seinem zweigeschossigen Museum. Rund 50 Exponate, bestehend aus Oldtimer-Traktoren, -LKWs, -Autos und -Motorrädern, hat Bischoff hier über die Jahre restauriert. Seit seiner Kindheit an alten Motorrädern interessiert, war nach dem Besuch eines Oldtimer-Museums mit seinem Vater die Sache klar. So etwas wollte er irgendwann auch mal haben. Es wurde gesammelt und mit dem Führerschein vergrößerte sich sein Suchgebiet. Deutschland, bald auch osteuropäische Länder. Günstig mussten sie sein, die alten Karren. Freude kam immer dann auf, wenn sie wieder glänzten und liefen. Daran hat sich bis heute nichts geändert. Nur bleibt inzwischen nicht mehr so viel Zeit wie damals. Auf der zweiten Etage sind Motorräder aus vielen Jahrzehnten untergebracht. Außerdem ist dort ein Rundfunkmuseum mit ca. 150 Geräten samt Zubehör zu finden. Ein Highlight wartet aber noch vor dem Museum. Nämlich der kleine »Bahnhof« Neumühle und eine Fahrt auf der 130 Meter kurzen Strecke. Besonders für Besuchergruppen ist das ein Riesenspaß! Einen Tag, bevor die Lokomotive verschrottet werden sollte, wurde sie nämlich entdeckt und gerettet. Die Schienen stammen aus einem Sägewerk bei Trossingen und einer Lehmgrube bei Bermatingen. Das Bahnhofsgebäude war einst ein Gartenhaus, das abgerissen werden sollte. In Einzelteile zerlegt und nach erheblichen Umbauten wurde daraus das kleine Bahnhofsgebäude. Klingen tut es aber wie ein großes, wenn über Lautsprecher die Einfahrt des Zugs ertönt!

Öffnungszeiten: Nur nach Anmeldung
Tel. +49 172 7088443 oder
per E-Mail: oldtimer@bischoff-thomas.de
Per Auto gut erreichen.

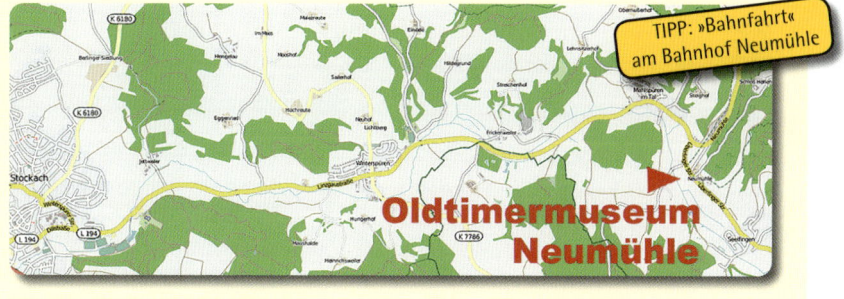

TIPP: »Bahnfahrt« am Bahnhof Neumühle

Oldtimermuseum Neumühle

Oldtimermuseum Neumühle • Neumühle 7 • D-78333 Hohenfels-Mahlspüren
Tel. +49 172 7088443 • www.oldtimermuseum-neumuehle.de

Schon im Jahr 1923 eröffnet Konrad Martin im Württembergerhof Stockach einen Kolonialwarenladen. Es folgten Taxibetrieb, Autovermietung und 1930 eine Hanomag-Vertretung. Verkauf und Reparatur von Autos und Motorrädern der Marken NSU, BMW und Adler war dann die logische Konsequenz. Zwei Jahre später folgte die Markenvertretung von Opel und die Erweiterung um eine Tankstelle. Als alles aus den Nähten zu platzen drohte, zog das Autohaus im Jahr 1957 in die neuen Räumlichkeiten des heutigen Standortes um. Neben zahlreichen Um- und Erweiterungsbaumaßnahmen und einem Generationswechsel konnte im Autohaus Martin eine umfangreiche Opel-Oldtimer-Sammlung aufgebaut werden. Diese beinhaltet auch sehr seltene Exemplare, wie beispielsweise zwei Vorkriegs-Cabriolets mit Sonderkarosserien. Diese Oldtimer und klassischen Fahrzeuge sind nicht nur Zeitzeugen der letzten 80 Jahre der

Opel »Admiral«, Baujahr 1938

Opel »Kapitän« Cabriolet

automobilen Firmenentwicklung bei Opel, sondern sind auch zum größten Teil noch fahrbereit. Im Autohaus können bis zu 25 Oldtimer bestaunt werden. Die auch aus Leihgaben bestehende Sammlung ermöglicht einen Blick von der Vergangenheit in die Gegenwart. Einige Fahrzeuge wurden noch nicht restauriert, aber befinden sich noch in gutem Zustand. Aber am besten schauen Sie sich doch die Opel-Oldtimer & -Klassiker selber vor Ort an. Selbstverständlich werden hier auch Teil- oder Komplettrestaurierungen Ihres Opel-Oldtimers durchgeführt. Wer Spaß an alten Fahrzeugen von Opel hat, sollte sich die tolle Möglichkeit nicht entgehen lassen, eine so bunte Mischung der Marke anzuschauen. Die Familie Martin freut sich auf Besuch.

Öffnungszeiten:
Mo.–Fr. 8.30–18 Uhr, Sa. 9–12 Uhr
Mit Auto und Bus,
»Busbahnhof Stockach«,
gut zu erreichen.

TIPP: Opel-Museum M. Mutter, Bermatingen

Opel Oldtimer Autohaus Martin

Opel-Oldtimer, Autohaus Martin • Ludwigshafener Straße 2 • D-78333 Stockach
Tel. +49 7771 2070 • www.opel-martin.de

Die Form des Museumsbaus ist der Burganlage »Hohentwiel« nachempfunden

Der fensterlose Bau des MAC Museums schlägt hohe Wellen. Und das nicht nur der architektonischen Orientierung an der Festung »Hohentwiel« wegen. Das Museum Art & Cars ist nämlich auch zur Heimat der Südwestdeutschen Kunststiftung geworden. Sie zeigt künf-

Oben Kunst, unten Art & Cars

tig in wechselnden Ausstellungen eine Auswahl aus den mehr als 3.000 Exponaten der Stiftung sowie ausgesuchte automobile Sammlerstücke. Es ist zu einem Treffpunkt für Freunde und Künstler aus der Region geworden. Nach unzähligen Entwürfen stand die Form des Museums schließlich fest. Dem Unternehmerpaar Gabriela Unbehaun-Maier und Hermann Maier, die den Bau auch finanzierten, hatte es die Silhouette der Festungsruine Hohentwiel angetan. Den Baugrund stiftete die Stadt Singen und so konnte am 24.11.2013, nach zweijähriger Bauzeit, das MAC seine Tore ermals öffnen. Seitdem werden in wechselnden Ausstellungen Kunstwerke in Kombination mit Oldtimern gezeigt. Denn die Werke der Stifter sollen nicht im Depot vergessen werden, sondern für die Besucher erlebbar sein. Es handelt sich dabei um eine der umfangreichsten und gleichzeitig am wenigsten bekannten Kunstsammlungen der Region. Bei den selten gezeigten Kunstwerken liegt ein Schwerpunkt auf

Ausstellung Andy Warhol »Cars« mit Originalen von Mercedes

Parallel zu den Kunstausstellungen werden im Erdgeschoss passende Oldtimer-Raritäten gezeigt

Innenhof mit Blick auf den »Hohentwiel«

Nicht nur fürs Auge eine Genuss!

Die ausgestellten Oldtimer sind und werden selbst zu Kunstwerken

den sogenannten »Höri-Malern«. Künftig sollen diese wertvollen Kunstschätze im Museum MAC Art & Cars hoffentlich viel öfter öffentlich präsentiert werden. Das Haus soll die Sammlungen nicht nur schützen, bewahren und auf Dauer zusammenhalten, es soll auch Geschichten erzählen von seiner Funktion, vom Ort und von seiner selbst.

Aber ACHTUNG! Beim MAC Art & Cars handelt es sich um KEIN Oldtimer-Museum im herkömmlichen Sinn! Das MAC ist ein Kunstmuseum, das in seinen Austellungen auch passende Oldtimer zeigt. Dieses tolle Konzept, Kunst gemeinsam mit Oldtimern auszustellen, wurde in einem Bau, der seinesgleichen sucht, professionell und wunderschön umgesetzt. Schon allein der Lehmbau des Museums ist einen Besuch wert und kann getrost als Passivbau bezeichnet werden. Denn das Museumsgebäude kommt fast ganzjährig ohne Heizung oder Klimaanlage aus! Offene Führungen finden von Freitag bis Sonntag jeweils um 15 Uhr statt. Für Gruppen bis 30 Personen gibt's spezielle Führungen mit folgenden Themenschwerpunkten:

A Querschnitt (B + C + D),

B Architektur, C Kunst und D Oldtimer. Diese sind wie auch spezielle Führungen für Senioren auch außerhalb der regulären Öffnungszeiten buchbar.

Öffnungszeiten:

Mi.–Fr. 14–18 Uhr, Sa. 13–18 Uhr,

So. und feiertags 11–18 Uhr

Per Auto oder Bahn, Bahnhof »Singen«,

sehr gut zu erreichen.

TIPP: Ein Besuch der Vorlage des Museums, der Burganlage »Hohentwiel«

MAC Museum Art & Cars • Parkstraße 1 • D-78224 Singen
Tel. +49 7731 9265374 • www.museum-art-cars.de

26 HISTORISCHE AUTOFÄHRE

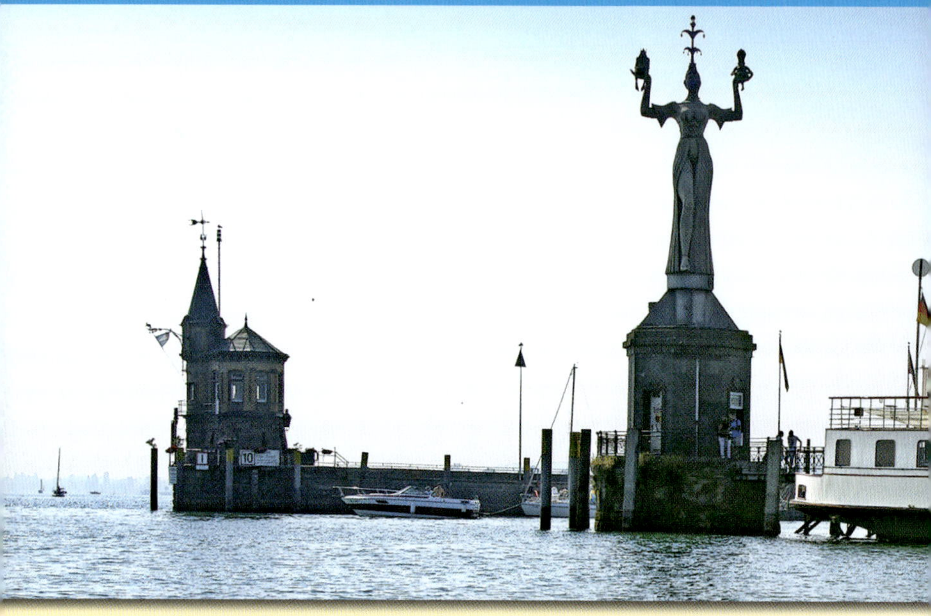

Der Liegeplatz der »Konstanz« direkt unterhalb der »Imperia« von Peter Lenk

Der Weg zur Brücke

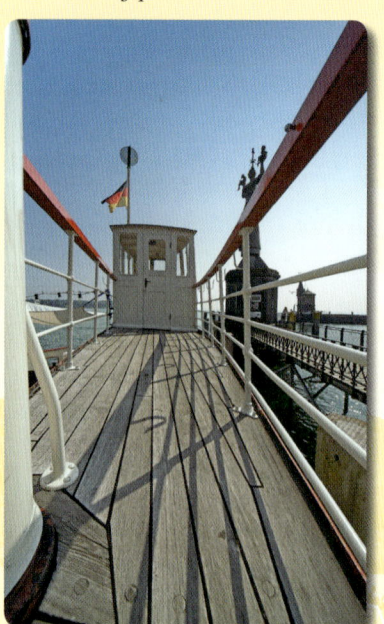

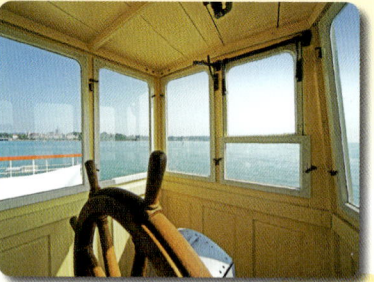

Blick von der Brücke bei einer Ausfahrt

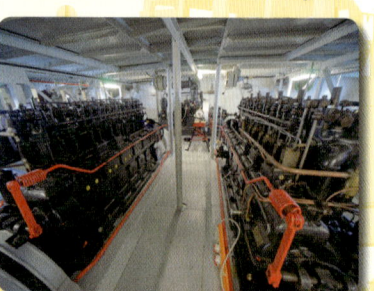

Im Motorraum der Fähre »Konstanz«

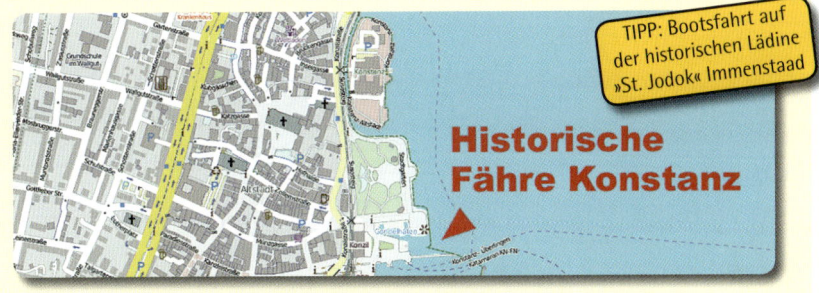

Die erste **Kraftfahrzeug-Binnensee-fähre Europas ist die »Historische Fäh-re Konstanz«. Das Schiff und die Lan-dungsbrücke wurden 1928 entwickelt!** Im Jahr der Inbetriebnahme der Fähr-verbindung. Über Entstehung, Technik und Restaurierung dieses Kulturdenkmals gibt es viel zu lesen, das Gefühl, einmal darauf zu gefahren zu sein, ist aber nicht zu erklären. Das muss man erleben, so eine Ausfahrt auf der ersten Autofähre des Bodensees. Dank des Vereins »Rettet die Meersburg ex Konstanz e. V.« und vie-ler Spenden ist sie jetzt wieder in Betrieb.

Öffnungszeiten:

Aktuelle Ausfahrtzeiten gibt's im Internet! Per Auto, Bahn, »Bahnhof Konstanz«, und Fähre, »Hafen Konstanz«, gut zu erreichen.

TIPP: Bootsfahrt auf der historischen Lädine »St. Jodok« Immenstaad

Historische Fähre Konstanz

Historische Fähre • Franz Hiller • Sonnentauweg 9 • 78467 Konstanz
Tel. +49 7531 54613 • www.Alte-Faehre-Konstanz.de

Dass der Prophet im eigenen Land häufig nichts gilt, ist weithin bekannt. Monte wer? Ahnungslosigkeit herrscht hierzulande bei allen unter 30, in Amerika hingegen Ehrfurcht gegenüber dem Namen Monteverdi! Es könnte durchaus sein, dass irgendwann die wiederkehrenden Gerüchte wahr werden und die einst in einem Zug mit bekannten Namen wie Lamborghini oder De-Tomaso genannen Monteverdis wieder gebaut werden. Hinter dieser Idee steht kein anderer als der langjährige Lebensgefährte des 1998 verstorbenen Peter Monteverdi und Leiter des Museums Paul Berger. Berger nennt zwar keine Details, sagt aber, dass er ein fertiges Projekt in der Schublade habe, das nur noch auf einen passenden Investor wartet. Bis es so weit ist, können die bisher entstandenen Modelle hier im Museum bewundert werden. Ebensfalls ist im Museum Europas größte Sammlung an Modellautos in unzähligen Vitrinen untergebracht.

Klassische Monteverdi-Frontansicht

Aus der Autowerkstatt seines Vaters machte der damalige Rennfahrer Peter Monteverdi in den 50ern eine Sportwagenvertretung und die Rennwagenschmiede MBM. Außerdem war er in der Formel 1 aktiv. Mit dem Namen Monteverdi verbindet man bis heute vor allem die Straßenmodelle ab dem Jahr 1967.

Die Abteilung der Rennwagen

Europas größte Modellausstellung

Sportwagen im 1. UG

Geländefahrzeuge im 2. UG

94

Wie den legendären »High Speed« oder den »Hai«. Als die Ölkrise der 1970er Jahre ihren Tribut forderte, stellte Monteverdi um. Auf Basis von US-Modellen entstanden Geländewagen und Limousinen. Darunter der erste Range Rover. Sportwagen wurden nur wenige gebaut, vom »Safari« dagegen einige Tausend. Doch nachdem die Produktion der Motoren eingestellt wurde und zudem neue Crashnormen zu erfüllen waren, folgte 1982 ein letzter Versuch: der »Tiara«, eine Mercedes-S-Klasse der 126er-Baureihe, an Front, Heck und im Innenraum modifiziert. Stuttgart gefiel die Idee, doch

Spezielle Ersatz- und Zubehörteile

Kaufhausansicht mit »Wow«-Effekt

wollte Mercedes das obere Luxussegment lieber selber bedienen. Jedoch wurde das Projekt »Maybach« dann zum Milliardengrab, Paul Berger hingegen fährt seinen »Tiara« noch heute. 1992 entstanden noch einige Exemplare eines neuen »Hai«-Modells, dann war endgültig Schluss mit den exklusiven Schweizer Nobelautos. Das Monteverdi-Museum befindet sich heute in dem selben Gebäude, in dem die edlen Autos einst entstanden. Auf drei

Etagen wird die weltweit einzige komplette Monteverdi-Sammlung gezeigt. Neben den rund 50 fahrbereiten Autos, vielen Einzelstücken und Rennwagen wird auch die aus 11.000 Modellen bestehende größte Modellautosammlung Europas gezeigt. Wirklich überraschend und sehr sehenswert!

Öffnungszeiten:

Das von Paul Berger privat finanzierte Museum wird nur auf Anmeldung für Gruppen bis 20 Personen geöffnet. Per Auto und Bahn, »Bahnhof Basel«, gut zu erreichen.

Monteverdi Automuseum • Oberwilerstraße 20 • CH-4102 Binningen-Basel
Tel. +41 61 4214545 • www.monteverdi.ch

Laut Schweizer Sonntagszeitung eines der spannendsten Museen der Welt. Zumindest wird das Pantheon Basel dort unter den zehn besten geführt. Der Rundgang durch die Geschichte der Mobilität beginnt im Museum im ersten Obergeschoss. Da wo hölzerne Fortbewegungsmittel die Anfänge der Entwicklung von Fahrzeugen darstellen. Selbst die ältesten der ausgestellten Automobile, wie ein »De Dietrich vis-à-vis« von 1901 waren damals auf Feld- und Schotterwegen unterwegs. Die Zahl der gezeigten Exponate variiert und wird durch Erklärungen und audiovisuelle Beiträge entlang der spiralförmigen Auffahrt ergänzt. Es kommt auch schon mal vor, dass Fahrzeuge auf Reise gehen, um in Ausstellungen anderer Häuser ein Staunen hervorzurufen. Das Pantheon soll lebendig bleiben und verändert sich aus dem Grund ständig. Gute Beispiele dafür

Edle und seltene Raritäten, Seite an Seite

sind schon zahlreiche Sonderausstellungen mit Hunderten exklusiver Oldtimer. Darunter absolute Raritäten, die mit dem Ziel gezeigt werden, auch den Typenreichtum traditioneller Automarken der Öffentlichkeit zugänglich zu machen.

Autotechnik wird anhand zahlreicher beweglicher Schnittmodelle erklärt

Museale Ausstellungsstücke und Parkplätze für Oldtimer-Kunden von unten bis oben

Exponate der Sonderausstellung »Scheunenfunde«

Museum, Ausstellungen, Oldtimergarage und ein Restaurant, alles unter einem Dach

Eine genial nachgestellte Schrauberwerkstatt mit aus »altem Blech« gefertigten Möbeln

Sonderausstellungen seit 2008: Alfa Romeo 2008, Bugatti 2008, MG 2009, Jaguar 2009, Lancia 2009, Schweizer Autos 2010, Porsche 2010, Ferrari 2011, Geschichte des Zweirads 2011, Als die Autos laufen lernten 2012, Luxus & Sport, Rolls-Royce & Bentley 2012, Klausenrennen 2013, Die Schweizer Carrossiers 2014, Citroën 2014, Fondation Hervé 2014, Scheunenfunde 2015.

Zu jeder Ausstellung ist eine Broschüre mit Abbildungen und Beschreibungen der Exponate erschienen. Eine tolle Location mit spannendem Konzept, die man sich nicht entgehen lassen sollte.

Öffnungszeiten:
Mo.–Fr. 10 17.30 Uhr
Sa.–So. 10–16.30 Uhr
Per Auto und Bahn, »Bahnhof Basel«,
gut zu erreichen.

Motorräder, Autos und viel Geschichte

TIPP: Classic Cars Kestenholz Birsfelden

Pantheon Basel • Hofackerstraße 72 • CH-4132 Muttenz
Tel. +41 61 4664066 • www.pantheonbasel.ch

Eine ganze Halle voller Züge ...   *... Straßenbahnen, Bahnmodellen uvm.*

Ein riesiger Schiffsmotor im Querschnitt

Die Gallionsfirgur hat alles im Blick

Alles über die Mobilität von gestern, heute, morgen und viel Technik für Straße, Schiene, Wasser und die Luft. Die Beispiele sind nicht nur der Menge halber interessant. Abwechslungsreich wird hier die Entwicklung des Verkehrs, der Mobilität und passender Technik in den jeweiligen Hallen gezeigt. Tüftlerideen werden anhand von mehr als 3.000 Objekten auf über 20.000 qm Ausstellungsfläche eindrucksvoll präsentiert. 344 Signaltafeln sind der Blickfang der »Halle Strassenverkehr« mit Autotheater. Im Anschluss folgt die »Halle Schienenverkehr, Lokomotiven und Bahnwagen«. Die Geschichte der Wasserfahrzeuge befindet sich in der nächsten Halle (inkl. Seilbahnen). Über 30 Flugzeuge und 300

Bei so vielen Schildern ist ein Verirren fast (un)möglich, die »Halle Straßenverkehr«

Spannende Hallen mit Zügen, Schiffen ... *... und jeder Menge Fluggeräten!*

Der »Tourismusflipper« könnte von Jean Tinguely stammen

Flugexponate sind in der »Halle zum Abheben« zu finden. Im »Wondercave« darunter sind Schneemobile sowie eine »Töffli-Parade« mit Kultmarken zu entdecken. Kunst eines der populärsten Schweizer Künstler, Hans Erni, ist ebenfalls auf dem Gelände des Verkehrshauses vertreten. Damit aber nicht genug, gibt es ein Filmtheater mit der größten Leinwand der Schweiz, ein Planetarium, das »Swiss Chocolate Adventure« und ein Restaurant. In diesem tollen Museum kann ein ganzer Tag verbracht werden, dann ist auch der Eintrittspreis gerechtfertigt. Langeweile kommt hier sicher nicht auf!

Öffnungszeiten: 365 Tage im Jahr
Sommerzeit 10–18 Uhr
Winterzeit 10–17 Uhr
Per Auto und Bahn, »Bahnhof Luzern«,
oder Bus, Haltestelle »Verkehrshaus«,
sehr gut zu erreichen.

Eine Glasfassade mit Felgen aller Art

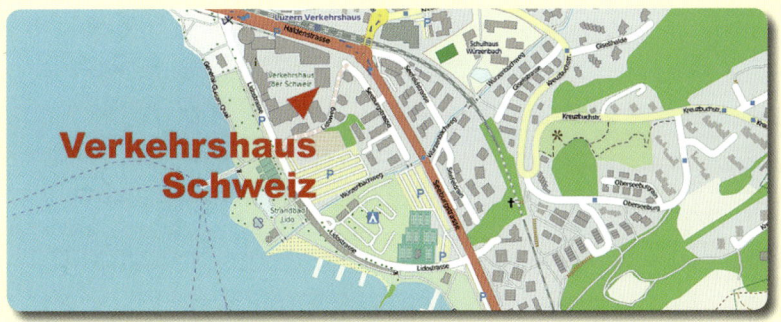

Verkehrshaus der Schweiz • Lidostraße 5 • CH-6006 Luzern
Tel. +41 41 3704444 • www.verkehrshaus.ch

Der Glasbau des »runway 34« wurde extra rund um die russische »Ilyushin« gebaut

Schon vor Jahren war die Idee geboren, »Fliegen & Reisen« zur Erlebnisgastronomie zu machen. Umgesetzt wurde sie erst nach dem Ende von Swissair. Der ehemalige Linienpilot Reto Seipel und der Vollblut-Gastronom Stefan Hunziker lernten sich durch Zufall kennen. Zusammen tüftelten sie am Konzept für das »ultimative Flieger-Restaurant« und die Suche nach geeigneten Flugzeugen begann. In Form einer »Ilyushin 14« war der Wunschflieger auch schnell gefunden. Die in Taschkent gebaute Maschine wurde 1957 in dunkelgrüner Tarnfarbe an die sowjetische Luftwaffe ausgeliefert und war dann im Kosmonauten-Ausbildungscenter Moskau-Chkalovsky statio-

niert. Bis 1992 im Einsatz, wurde sie nach ihrer Ausmusterung privat verkauft, 2002 wiederentdeckt, absolvierte sie im April 2005 erfolgreich einen ersten Testflug. Nach ihrer letzten Ladung in der Schweiz hat sie 9.160 Flugstunden auf dem Buckel. Womit niemand gerechnet hatte, stellte sich aber als eines der größten Probleme des ganzen Projektes heraus: die Beschaffung der Papiere. Diese waren aber zwingend nötig, um das Flugzeug in die Luft und von Moskau nach Kloten zu befördern. Der passende Architekt war dagegen schnell gefunden. Der Bruder von Reto, Andri Seipel, ist einer und er plante das Gebäude einfach um die Maschine herum. Schon der erste Entwurf

Feuerwehr-Einsatzwagen »The Red Baron«

Barbereich des Konferenzraums im 1. OG

Speisen unterm Flieger

Ein äußerst ungewohnter Anblick

rei geboten. Landen einer Boeing »B777« in Hong Kong oder eines Jet »Ranger« auf dem Aletschgletscher. Nirgendwo habe ich eine ähnliche tolle Kombination aus Kulinarik und Aviatik gefunden!
Öffnungszeiten:
Mo.–Mi. 11–23 Uhr, Do.–Fr. 11–24 Uhr,
Sa. 16–24 Uhr, So. 11–22 Uhr
Per Auto, Bus 510
ab Flughafen Kloten oder S-Bahn, S7,
»Bahnhof Kloten Balsberg«,
gut zu erreichen.

passte und es konnte losgehen. In fast allen Bereichen betraten die Gastronomen Neuland. Planung, ein Standort so nahe am Flughafen, Umzonung beantragen und Lärmschutz waren große Themen. Direkt unter dem Flugzeug zu speisen kommt aber gut an und ist inzwischen ein Muss für Flugzeugfans, die es sich leisten möchten. Aber nicht ohne vorher zu reservieren. Die Smokers Lounge, im Inneren des Flugzeugs, bietet eine Auswahl der besten Zigarrenmarken der Welt. Im neuen Flugsimulator der »Runway 34 Sim Academy« können sogar schon Kinder ab 12 Jahren eine realistische Flugerfahrung machen, die allerdings ihren Preis hat. Dafür werden aber alle Facetten der Fliege-

Über die Gangway geht's in die ...

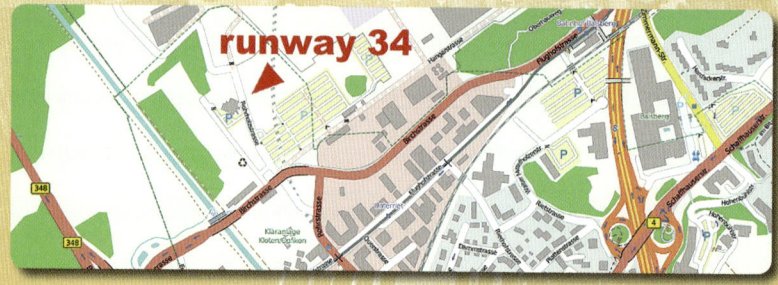

runway 34 • Rohrholzstraße 67 • CH-8152 Glattbrugg
Tel. +41 43 8163434 • www.runway34.ch

... *Raucherlounge im Innern des Flugzeugs. Aber Vorsicht Kopf, hier ist's etwas niedrig!*

Verschiedene Militärflugzeuge aus unterschiedlichen Zeitepochen

Wie schnell sich Technik verändert und aus Holz-Doppeldeckern Überschalljäger werden können, im »Flab« wird es einem klar. Zum (Be)greifen nahe. Die Geschichte der Schweizer Militärfliegerei wird anhand von über 40 Flugzeugen und Helikoptern belegt. Im Cockpit eines Pilatus-P-3-Flugsimulators oder eines Mirage-III-Simulators (MIRSIM) wird einem erst bewusst, wie aufregend so ein Flug damals gewesen sein muss. Zwischen den Maschinen mit ihren gewaltigen Motoren zu stehen, war und ist sicher auch heute noch ein Abenteuer. Das Fliegermuseum, dessen umfassende Ausstellung auf zwei Hallen verteilt ist, gibt es schon seit dem Jahr 1972. Außer der Entwicklung der Schweizer Luftwaffe werden seither auch Exponate der Fliegerabwehr gezeigt. Alles, was das Fliegerherz höher schlagen lässt, ist hier zu finden.

Wer möchte, kann sich natürlich schon vor einem Besuch online informieren und planen! Vor Ort, im Flieger Flab Museum, steht dann ein kleines Team engagierter Leute für Fragen zur Verfügung!

Motormodelle veranschaulichen Kraft pur

Schautafeln über die Militärfliegerei

Das Cockpit eines der Jets

Zusammen mit dem JU-AIR-Team tüfteln sie auch unermüdlich an neuen Ideen, die sich ums Flieger-Flab-Museum drehen!

Das »Flüügerstübli« im Museum

Nach dem Umbau 2009 wurde das auf rund 150 Plätze gewachsene Restaurant »Holding« eröffnet und um einen stets eingedeckten Essensbereich, das »Flüügerstübli«, erweitert. Für Gesellschaften ab 15 Personen wird seitdem auch gerne außerhalb der normalen Öffnungszeiten geöffnet. Unvergessliche Rundflüge mit der guten »Tante JU« können übrigens gleich nebenan bei der JU-AIR gebucht werden. Viel Vergnügen dabei!

Öffnungszeiten:
Di.–Fr. 13.30–17 Uhr, Sa. 9–17 Uhr,
So. und feiertags 13–17 Uhr
Mo. Ruhetag
Per Auto oder S-Bahn, Uster
»Bahnhof Dübendorf«, (10 Min. Fußweg)
gut zu erreichen.

Flieger-Flab-Museum • Überlandstraße 255 • CH – 8600 Dübendorf
Tel. +41 58 4602324 • www.airforcecenter.ch

Ein Modell des ehemaligen Schwesterschiffs des Raddampfers »Hohentwiel«

Wer sich für die Geschichte der Schifffahrt und Fischerei auf dem Bodensee und viele weitere spannende Themen um den See interessiert, ist hier richtig. Denn durch etliche Sonderausstellungen, Veranstaltungen und spezielle Angebote für Kinder und Schulen wird die Dauer-

Alltag eines einstigen Bodensee-Fischers

ausstellung im Seemuseum Kreuzlingen, dem ehemaligen Kornhaus der Augustiner von 1680, regelmaßig ergänzt. Schon seit 1993 ist das einzige Schifffahrts- und Fischereimuseum der Ostschweiz und Südwestdeutschlands inzwischen in dem wunderschönen Bau dirkt am See untergebracht. Auf 1500 qm, in historischen und großflächingen Räumen, sind zudem das Museumscafé, ein großer Veranstaltungs- sowie ein Tagungsraum untergebracht. Mitten im Seeburg-Park gelegen, einem der größten und schönsten am Bodensee. Und gleich neben dem Schloss Seeburg mit seinem Tierpark, kleinen Naturschutzgebieten, Restaurants und Ruheflächen, die zum Verweilen und Spazierengehen einladen. Ein Besuch des Museums lässt sich deshalb wunderbar mit einem Tag im Park oder Badespaß im Bodensee verbinden. Schon die 10 Gehminuten vom Bahnhof Kreuzlingen-Hafen oder die 25 Minuten vom Bahnhof

Wie früher am Bodensee gefischt wurde? Hier wird es auf mehreren Etagen anschaulich erzählt

Sonderschauen und Museumscafé

am Rhein, von der Insel Reichenau oder von Konstanz. Je nachdem, wie viel Zeit zur Verfügung steht, sind sie alle ein schönes Erlebnis und man fühlt sich ein bisschen wie im Süden. Nach dem Museumsbesuch kann man den Tag in einem der schönsten Biergärten am ganzen Bodensee ausklingen lassen. Ein Sonnenuntergang im Biergarten Kreuzlingen, mit Blick auf Konstanz, ist einfach grandios!

Öffnungszeiten:
Okt.–Ende Juni
Mi., Sa., und So. 14–17 Uhr
Juli–Sept.
Di.–So. 11–17 Uhr
Per Auto und Bahn, Bahnhof
»Kreuzlingen Hafen«, sowie mit
dem Schiff, »Hafen Kreuzlingen«,
sehr gut zu erreichen.

Konstanz sind schon ein Spaziergang in und durch wunderschöne Natur. Nur wenige Meter entfernt verläuft der Bodensee-Radweg. Eindrucksvoll und vielleicht die passendste Einstimmung ist natürlich eine Anreise per Schiff. Nach Kreuzlingen bieten sich verschiedene Möglichkeiten. Entweder eine Fahrt über den Obersee oder Untersee, auf dem Rhein über Stein

TIPP:
www.oldtimerschiffer.
jimdo.com

Stiftung Seemuseum • Seeweg 3 • CH-8280 Kreuzlingen
Tel. +41 71 6885242 • www.seemuseum.ch

Von außen eine schlichte Scheune, von innen der schiere Wahnsinn

Sogar einen Jet und Hubschrauber gibt's

gerechnet. Die Qualität der ausgestellten Fahrzeuge überzeugt. Wie viel Arbeit und Detailverliebtheit in der Pflege steckt, lässt sich nur erahnen. Das jahrelange Sammeln führte zu umfangreichem Wissen über jedes einzelne Stück. Persönliche Gespräche sollen die Erinnerung dieses Kulturgutes für die Nachwelt erhalten. Oldtimer-Fans werden hier auch gerne bei eigenen Nachforschungen unterstützt.

Wunderschön gelegen, mitte im Zürcher Oberland, oberhalb von Bäretswil, entstand 2004 auf Initiative der Familie Junod ein einzigartiges Museum. Nach all den Museumsbesuchen war ich bei diesem doch sehr überrascht. Schon die Anfahrt erinnert eher an einen Ausflug in die Berge. Erstmal am Bauernhof angekommen, glaubt man, hier falsch zu sein, denn die Maschinenhalle macht von außen wirklich nicht viel her. Aber sobald sich die Tür öffnet, traut man seinen Augen nicht. Damit hätte ich wirklich nicht

Ein seltener Citroën 2CV 4x4 »Sahara«

Diesen Anblick erwartet sicher niemand, wenn er auf den Bau des Museums zugeht

Rennwagen, Mofas, Kutschen, Fahrräder und viel Zubehör, wohin das Auge blickt

Passend zur ländlichen Lage sind natürlich auch zahlreiche Traktoren ausgestellt

Die riesige Sammlung besteht aus Automobilien ab 1886, Lastwagen ab 1918, Motorrädern ab 1921, Fahrrädern ab 1883, Kutschen ab 1900, Traktoren ab 1916 sowie landwirtschaftlichen Geräten, Fluggeräten, Panzern, Militärfahrzeugen und vielen weiteren Accessoires aus den vergangenen 100 Jahren. Ein Archiv mit Schrift- sowie Bilddokumentationen sämtlicher Ausstellungsgegenstände darf natürlich auch nicht fehlen. Das Ziel der Familie Junod, nämlich Besuchern die Geschichte über motorisierte Fortbewegung nahezubringen, ist erreicht! Die Schätze in diesem wunderschönen Rahmen darf man einfach nicht verpassen!

Öffnungszeiten:
An jedem 1. Mi. im Monat
13.30–18 Uhr und
und an jedem 2. So. im Monat
10–16 Uhr
Gruppen jederzeit nach telefonischer
Vereinbarung und Anmeldung unter:
Tel. +41 79 4051613 oder E-Mail:
info@fahrzeug.museum.ch
Per Auto sehr gut zu erreichen.

Nicht zu glauben was sich dahinter verbirgt

Fahrzeug-Museum • Im Tisenwaldsberg 2 • CH-8344 Bäretswil ZH
Tel. +41 43 8336565 • www.fahrzeug-museum.ch

»Scheunenfund« der Marke XXL

Teil der großflächigen Außenlage sind diese Lokschuppen

Zum Glück sind sowohl die Lokremise als auch das Stellwerk vom Bahnhof Romanshorn erhalten geblieben! Denn heute beherbergen sie die Locorama. Die meisten der Lagerhäuser und Gleise rund um den Hafen sind aber nicht mehr erhalten. Die Lokremise hat glücklicherweise überlebt und bietet jetzt auf einer Fläche von über 12.000 Quadratmetern eine Eisenbahn-Erlebniswelt, die ihresgleichen sucht. Nicht nur die Dampflokomotiven Ec 3/5 oder S 3/6, die »Tigerli« oder eine Escher-Wyss-Industriedampflok ziehen Blicke auf sich, sondern auch das Areal mit der 20-Meter-Drehscheibe. Sehenswert sind auch die zahlreichen Loks, die noch nicht restauriert sind. »Rat-style« der anderen Dimension und natürlich ein Augenschmaus für jeden Eisenbahnfan!

Öffnungszeiten:
Anfang Mai–Ende Okt.
Mi.–So. 13–17 Uhr,
Per Auto, S-Bahn oder Fähre, »Haltestelle Romanshorn«, gut zu erreichen.

TIPP:
www.lokremise-sulgen.ch
www.tr-transrail.ch

Ein »Krokodil« im Freigehege

Locorama, Eisenbahn-Erlebniswelt • Egnacherweg 1 • CH-8590 Romanshorn
Tel. +41 71 4602427 • www.locorama.ch

Shelby Cobra

Aston Martin

autobau
Romanshorn

In der autobau AG in Romanshorn ist wohl wie an kaum einem anderen Ort die Leidenschaft zum Automobil und zum Rennsport spür- und erlebbar. Die Autobau Erlebniswelt beherbergt aber nicht nur die einzigartige Fahrzeugsammlung des ehemaligen Formel-1-Rennfahrers Fredy Lienhard, sondern ist auch eine außergewöhnliche Eventlocation. Gleich nebenan in der autobau Factory sind zudem Experten für Fahrzeuge aller Art untergebracht, die sich mit professionellem Sachverstand auch um Kundenfahrzeuge kümmern. Egal ob Oldtimer, Sportwagen oder Alltagsautos.

Eigenbauten- und Sondermodelle

Cabriofeeling pur

Als die ersten Fabrikhallen im Jahr 1892 entstanden, war darin noch das Verwaltungsgebäude der eidgenössischen Alkoholverwaltung am Egnacherweg in Romanshorn untergebracht. Nach zahlreichen An- und Umbauten, ja sogar einen eigenen Bahnanschluss gab es, und dem Bau eines eigenen Lagers mit großen Tanks verlor der Schweizer Bund im Jahr 1996 das Monopol auf die Herstellung von Alkohol. Kurz vor dem Jahrtausendwechsel ging das gesamte Areal schließlich an die Gemeinde Romanshorn über und wurde im Anschluss im Jahr 2007

von Fredy Lienhard erworben. Die Idee zum Autobau-Erlebniswelt-Projekt entstand, als eine Schulklasse seine damals noch private Autosammlung besichtigte und völlig fasziniert und mit glänzenden Augen die Boliden bestaunte. Als dann die Kinder gespannt seinen Geschichten lauschten, war es klar. In diesem Moment beschloss der passionierte und ehemalige Rennfahrer, seine riesige Sammlung

Rennwagen oben, Amerikaner unten

Der Sammler Fredy Lienhard war selbst ein sehr erfolgreicher Rennfahrer

der Öffentlichkeit zugänglich zu machen. Eine gute Idee, denn dadurch ist ein Ort entstanden, an dem die Besucher an seiner Leidenschaft und Begeisterung für den Motorrennsport teilhaben können. In den Hallen, in denen früher Industriealkohol gelagert war, konnte so 2009 die Erlebniswelt eröffnet werden, und da wo sich früher große Stahltanks befanden, entstand die heutige autobau Factory. Das Areal ersteckt sich auf rund 30.000 qm. Neben der Erlebniswelt und der modernen Factory befindet sich ein weiteres Highlight auf dem Gelände: das große Außengelände inklusive eigenem Rundkurs. Für mich eines der schönsten Oldtimer-Museen am Bodensee!

Öffnungszeiten:
Erlebniswelt: Mi. und So. 10–17 Uhr sowie tägl. nach Anmeldung für Events und Gruppenführungen, 16–21 Uhr
Factory: Mo.–Fr. 8–17 Uhr
Per Auto und Bahn, »Bahnhof Romanshorn«, gut zu erreichen.

TIPP: Oldtimer Museum
www.emilfreyclassics.ch

◀ autobau AG

Autobau Erlebniswelt • Egnacherweg 7 • CH-8590 Romanshorn
Tel. +41 71 4660066 • www.autobau.ch

Eine Halle voller Rennwagen, von LeMans-Boliden bis zum F1-Rennwagen von »Schumi«

Im Jahr 2010 wurde das neue Museum des einzigen Schweizer Fahrzeugbau-ers, der Firma Saurer, in Arbon eröffnet. Bekannt geworden ist sie nicht nur durch die schwarz-gelben Postauto-Busse und die LKWs mit der langen »Schnauze«. Saurer baute auch Webmaschinen. In dem von einem Verein geführten Muse-um sind sie neben einer Vielzahl an Expo-naten aus der gesamten Produktpalette zu sehen. Von der »Chlüpperli« genannten Handstickmaschine über einen Schiffli-Pantographen bis hin zur lochstreifenge-steuerten Schiffli-Maschine. Ein Schnitt-modell der Decodiereinheit steht für das damalige technische Wunder. Schließlich

Saurer, der einzige Schweizer Autobauer

»Postauto«-Busse und LKWs im ehemaligen Firmengebäude der Firma Saurer

Das Saurer-Markenzeichen: »Postauto«

sind in der Webmaschinen-Abteilung die ersten Bandwebstühle sowie eine 100W zu finden. Sie war einst ein weltweit verbreiteter Webstuhl, der zehntausendfach exportiert wurde. Zu Demo-Zwecken webt eine 100W noch immer die gefragten Museumshandtücher. Die jüngste gezeigte ist eine 500W-Greifermaschine der letzten Saurer-Produktion.

Nutzfahrzeuge, Busse, auch Benzin- und Dieselmotoren, sind natürlich beim Rundgang durch das Museum zu finden. Beginnend mit dem 1911 »Caminhao«,

einem der ältesten Lastwagen überhaupt. Im Anschluss folgt ein lückenloser Einblick in die Firmenentwicklung hin zum damals weltgrößten LKW-Produzenten. Gezeigt werden Postautos, die bekannten Alpen-Postbusse der Schweiz, aber auch zahlreiche Militär- und Geländefahrzeuge sowie einige Oldtimer-Feuerwehrautos. Wer gerne einen ganzen Tag im Museum verbringen möchte, kann im benachbarten Romanshorn noch die »Locorama« und die »Autobau Erlebniswelt« besuchen. Mit einem »Classic-Bodensee-Ticket« wird so ein Tag nicht nur unvergesslich, sondern auch günstiger. Aber Zeitdruck bitte vermeiden! Planen Sie lieber einen weiteren Ausflug, denn alle Museen sind es wert, in aller Ruhe angeschaut zu werden!

Öffnungszeiten:
tägl. 10–18 Uhr, Eintrittskarten gibt's nebenan im Hotel „Wunderbar".
Per Auto und Bahn, »Bahnhof Arbon«, gut zu erreichen.

TIPP: Ausfahrten im Oldtimer-Bus (Postauto) www.moecklirafz.ch

Saurer Museum

Sauer Museum, Oldtimer Club Saurer • Postfach 265 • Weitegasse 8
CH-9320 Arbon • www.saurermuseum.ch

Saurer produzierte u. a. auch Webstühle

Sammlerleidenschaft auf zwei Privaträume verteilt

Auch zahlreiche Militär-Motorräder umfasst die Sammlung Hilti

Das größte private Motorradmuseum der Schweiz wurde schon im Jahr 1973 in Gossau eröffnet und ist über die Jahre ständig gewachsen. Inzwischen beherbergt es viele Raritäten von 1900 bis 1989. Die Spannbreite ist groß, von Militär- bis Straßen- und von Renn- bis Sportmaschinen. Insgesamt umfasst die Sammlung Hilti ca. 70 Motorräder unterschiedlicher Marken sowie ein reichhaltiges Angebot an Motoren, Getrieben und vielem Zubehör, das sich ums Motorrad dreht. Die Sammlung wird in zwei Räumen präsentiert und ist sicher nicht nur für Biker ein Geheimtipp, den es zu besuchen lohnt. Es gibt zwar offizielle Öffnungszeiten, aber es schadet nicht, sich vor einem Besuch bei Joe Hilti telefonisch anzumelden, denn wenn er da ist, hat viele tolle Geschichten zu erzählen! *Öffnungszeiten: Sa. 10–16 Uhr So. 11–16 Uhr (jeden 1. So. im Monat und feiertags geschl.) Per Auto und Bahn, »Bahnhof Gossau«, gut zu erreichen.*

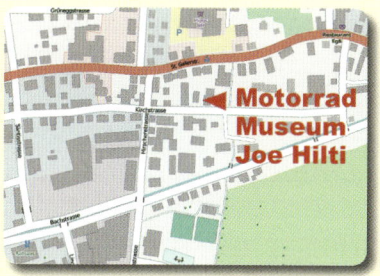

Motorradmuseum Hilti • Kirchstraße 43 • CH-9200 Gossau
Tel. +41 71 3851656 • www.classic-bodensee.ch/hilti

Während die Bergbahn hoch nach Heiden ins Appenzellerland klettert ist die Aussicht auf den Bodensee grandios. Im Sommer fährt sie mit offenen Wagen jeden ersten Sonntag im Monat, von Mai bis Oktober sogar unter Dampf. Etwas ganz Besonderes ist eine Fahrt mit der kleinen grünen Dampflok »Rosa«. Im 400 m über dem Bodensee gelegenen Heiden, auch »Sonnenterrasse« genannt, stellt sich die Frage: Übernachten oder mit einem der »Postautos« seinen Ausflug verlängern? Es besteht nämlich auch die Möglichkeit, eine Rundreise per Schiff, mit zwei Bergbahnen und zu Fuß zu machen. In dem Fall geht's von Rorschach Hafen erst nach Rheineck am Alten Rhein. Von dort mit der Bergbahn nach Walzenhausen und dann zu Fuß oder »Postauto« nach Heiden. Zurück nach Rorschach geht's dann wieder mit der Bergbahn. Die Tour funktioniert auch in umgekehrter Richtung, wobei hier das Wandern sogar leichterfallen soll. Ein toller und abwechslungsreicher Tagesausflug für die ganze Familie samt alter Dampflok, Saurerbus und toller Landschaft. Informationen gibt's auf der Homepage!

Öffnungszeiten:

Mai–Okt.

Per Auto und Bahn,

»Bahnhof Rorschach«, gut zu erreichen.

Von der Endstation in Heiden kann's mit dem »Postauto« weitergehen nach St. Gallen

Rorschach-Heiden-Bergbahn • www.appenzellerbahnen.ch

Sämtliche Exponate sind flugtauglich und regelmäßig im Einsatz

Vom Flugdrachen bis zum Hubschrauber die Vielfalt der gezeigten Fluggeräte ist groß

Zuerst ist Suchen angesagt! Denn das Museum liegt etwas versteckt hinter dem Flughafen St. Gallen-Altenrhein. Aber die Suche lohnt, denn es wird wirklich Großes gezeigt in Europas einzigem Museum seiner Art mit ausschließlich flugtüchtigen Exponaten. Sämtliche Flugzeug-Oldtimer werden nämlich bei Flugveranstaltungen geflogen und stolz präsentiert. Wer freundlich fragt, darf vielleicht sogar im original »Hunter«-Militärkampfjet-Cockpit Platz nehmen! Die Maschinen können zudem ganz aus der Nähe betrachtet werden. Die Idee zu einem Museum mit ausschließlich flugtüchtigen Maschinen entstand schon in den frühen 80er Jahren. Der historische Standort war ja eigentlich schon vorgegeben.

Sogar Rundflüge in Düsenjets sind möglich

Das Fliegermuseum ist hinter dem Flughafen von Altenrhein etwas versteckt gelegen

Der ganze Stolz des Museums

Die Umsetzung hat funktioniert. In den Hallen der Do-Flug AG Altenrhein entstanden ja schon 1926 die ersten Pläne der Dornier DO-X. Aus Kostengründen musste ein zunächst angedachter Museumsneubau verschoben werden. Aber als 1984 die Hunter-Flotte der Schweizer Luftwaffe verschrottet werden sollte, wurden deren Wartungshallen frei. Der richtige Platz war gefunden. Das Fliegermuseum hat sich zum Ziel gesetzt, die Geschichte des Flugplatzes St. Gallen-Altenrhein, die der Dornier Werke GmbH sowie der FFA Flug- und Fahrzeugwerke Altenrhein AG zu dokumentieren. Die Ausstellung zeigt auch Exponate der Schweizer Luftwaffe. Nicht nur deshalb ist das im Dreiländereck gelegene Museum heute eine weithin bekannte Kultstätte der Schweizer Militäraviatik. Ent-

sprechend viel gibt es auch zu entdecken. Jedes Jahr pilgern zahlreiche Flugbegeisterte aus Deutschland, Österreich und der Schweiz ins Fliegermuseum Altenrhein, um sich von den flugtüchtigen Legenden der Schweizer Luftwaffe faszinieren zu lassen. Unvergessliche Rundflüge können gebucht werden, gute Kondition vorausgesetzt, sogar in einem der beeindruckenden Düsenjets. „Happy landings"!

Eingang zum Fliegermuseum

Öffnungszeiten:
Sa.–So. 13.30–17 Uhr
Führungen:
Mo.–So. nach Vereinbarung
Per Auto, Bahn, »Bahnhof Rorschach«,
und Schiff bis Rorschach, dann mit dem
Postauto weiter oder sogar per Flugzeug
gut zu erreichen.

TIPP: Flieger auf der Verkehrsinsel am Hundertwasserhaus

Fliegermuseum Altenrhein • Flughafenstraße • CH-9423 Thal
Tel. +41 71 8509040 • www.fliegermuseum.ch

Die gezeigten Holzvergaser-Fahrzeuge sind regelmäßig im Einsatz

Mercedes-Benz, Holzgas befeuert

Auto des Schweizer Generals »Guisan«

Wer suchet, der findet! In dem Fall eine der größten und beeindruckensten Holzvergaser-Fahrzeug-Sammlungen. Gleich an der Grenze hat Dieter Grätz im Industriegebiet von Schaanwald, Liechtenstein, ein einmaliges Museum untergebracht. Die Motoren laufen hier nicht etwa mit Benzin oder Diesel, sondern mit Holzgas. Kessel und Schläuche befeuern die Oldtimer, die tatsächlich alle fahren. Im Krieg gab es für Zivilfahrzeuge kein Benzin und deshalb oft nur mit Holzvergasern ein Vorankommen. Leider sind die meisten verschwunden. Grätz hat aber tatsächlich 70 dieser Holz-Veteranen aus allen Bereichen zusammenbekommen!

Schau-Kessel zeigen, wie's funktioniert

Öffnungszeiten:
Nur auf Voranmeldung
Kontakt: Dieter Grätz,
Tel. +41 79 6006280
Per Auto und Bahn, »Bahnhof Schaan«,
gut zu erreichen.

Holzvergaser-Museum • Industriestraße 13 • LI-9486 Schaanwald, Liechtenstein
Tel. +42 33 752050 • www.holzgaser.com

Viele Modelle und Querschnitte veranschaulichen den Verlauf des Rheins

Rhein-Schauen, Museum & Bähnle hat's nicht auf Gewinn abgesehen. Der Verein setzt sich dafür ein, den historischen Bau der Rheinregulierung durch die Bähnle-Fahrten und Ausstellungen im Museum im Bewusstsein zu halten. Auf dem weitläufigen Areal mit den Lokschuppen wird anhand vieler Modelle der Verlauf des Rheins und auch der des Rheinkanals erklärt. Die Kombination aus Bahnfahrt, Werkhof zum »Anfassen« und den vielen Ausstellung macht die 120-jährige Geschichte der Rheinregulierung

Ein Blick in den Lokschuppen

Öffnungszeiten: Ende Apr.–Okt. Mi., Fr.–So. 13–17.30 Uhr, Kurzführung So. 14 Uhr, Führungen nach Vereinbarung. Das Rheinbähnle ist Fr.–So. um 15 Uhr unterwegs! (s. Fahrplan). Per Auto und Bahn, »Bahnhof Lustenau«, gut zu erreichen.

Eine spezielle Schmalspurlok

verständlich und erlebbar. Natürlich werden sich Eisenbahnfreunde über die alten Dampfloks freuen, aber die Geschichten darüber dürften die meisten Besucher interessieren. Wie der Rheinkanal funktioniert, ist nach einem Besuch jedem klar!

Eingangs- und Gastronomiegebäude

TIPP: Fahrt mit dem Rhein-Bähnle

Rhein-Schauen, Bähnle & Museum • Höchster Straße 4 • A-6890 Lustenau · Tel. +43 5577 20539 • www.rheinschauen.at

42 ROLLS-ROYCE MUSEUM

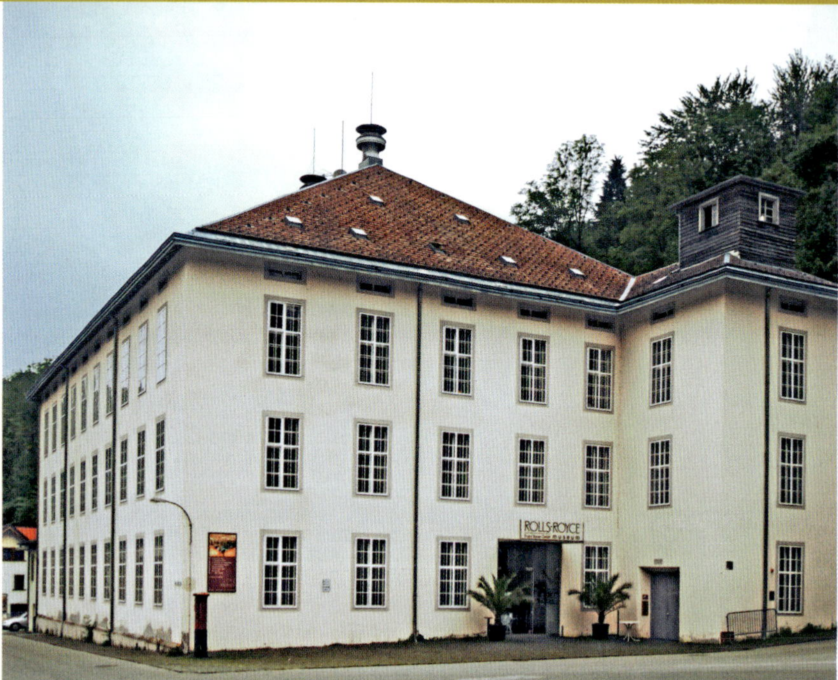

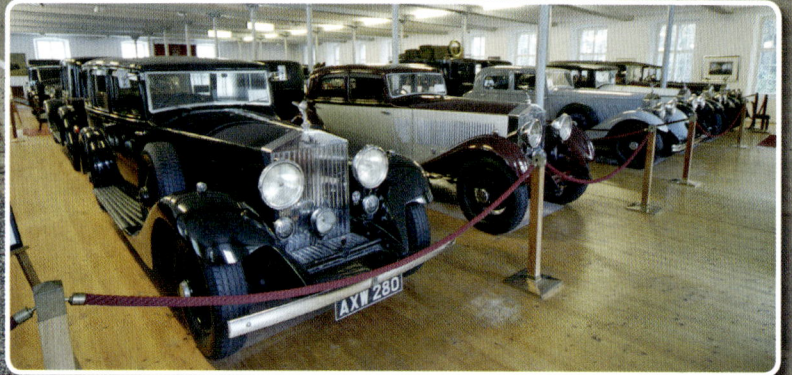

Gezeigt werden unter anderem zahlreiche ehemalige Fahrzeuge royaler Familien

Im Gebäude der ehemaligen Spinnerei im »Gütle« befindet sich heute das größte Rolls-Royce Museum der Welt. Darin wird nicht nur die spannende Entstehungsgeschichte der Nobelmarke gezeigt, sondern auch die berühmten Rolls-Royce-Limousinen wie die von Queen Mum, Sir Malcolm Campbell, King George V. sowie Werks- und Ausstellungsfahrzeuge sind allesamt darin im ersten Stock zu finden.

Die Skulptur der »Emily« in Groß

Unzählige Exponate, Kühlerfiguren und Scheinwerfer aus allen Epochen

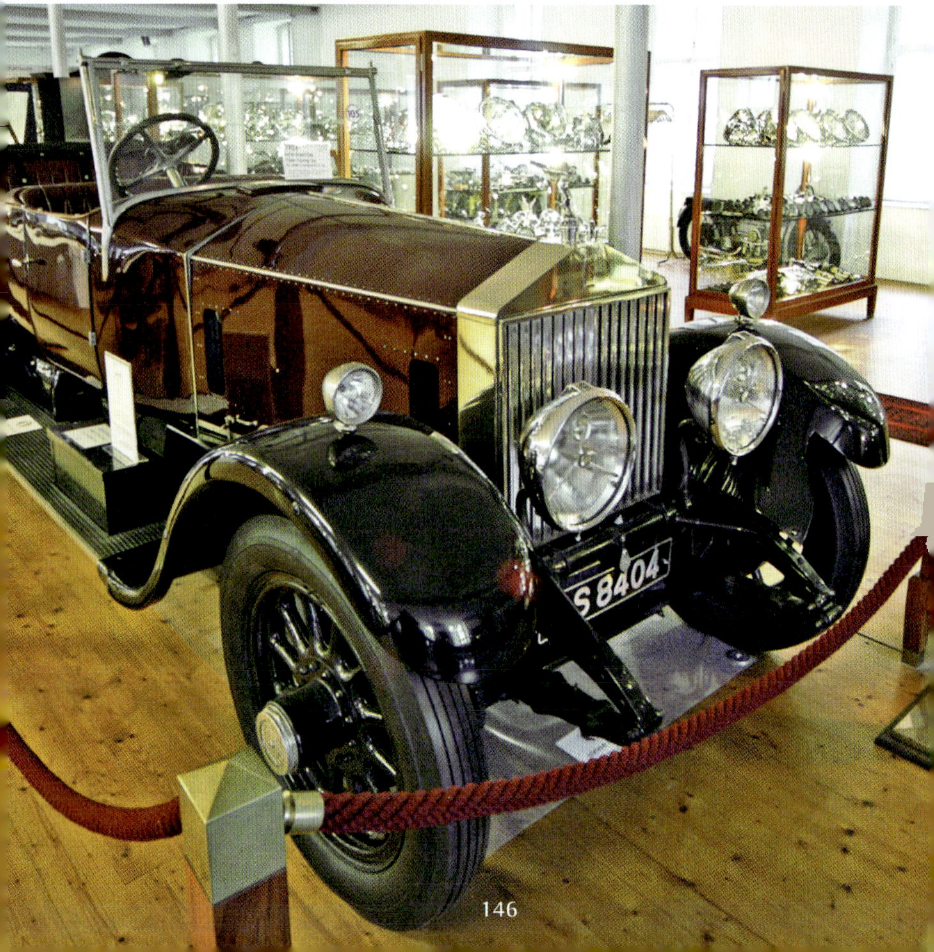

Haupteingang zum größten Rolls-Royce Museum der Welt

Im Museum können heute auf ca. 3.000 qm im »Gütle«, auf vier Stockwerke verteilt, mehr als 1.000 Exponate besichtigt werden. Im Erdgeschoss geht's zudem gleich neben der rekonstruierten Geburtsstätte »Cooke Street« zur Restaurationswerkstatt, wo auch Detailfragen der Besucher gerne beantwortet werden. Noblesse die man gesehen haben sollte! *Öffnungszeiten: tägl. 10–17 bzw. 18 Uhr, Mo. Ruhetag, Führungen nach tel. Vereinbarung (Winterpause 07.01.–31.01.) Per Auto und Bahn, »Bahnhof Dornbirn«, gut zu erreichen.*

Schau-Restaurierung vor Ort

TIPP: Sammlung Walter Steinemann Mörschwil, Schweiz

Rolls-Royce Museum

Rolls-Royce Museum Franz Vonier GmbH • Gütle 11a • A-6850 Dornbirn
Tel. +43 5572 52652 • www.rolls-royce-museum.at

Wussten Sie, dass die »Hohentwiel« ein schwimmendes Museum ist? Nein, ich auch nicht! Es ist eines, das man unbedingt einmal gesehen haben sollte! Erhalten wird es vom Verein Internationales Bodensee-Schifffahrtsmuseum e. V., dessen Beiträge dafür sorgen, dass einer der letzten Zeugen der Dampfschifffahrt auf dem Bodensee erhalten bleibt. Möglichkeiten, Zeit darauf zu verbringen, gibt es viele. Von Ende April bis Mitte Oktober können aus dem großen Angebot Fahrten ausgewählt und ganz einfach gebucht werden. Allerdings sollte das langfristig im Voraus geschehen, nur dann heißt's »Leinen los«! Einem Hauch von Magie kann man sich nicht erwehren, wenn sie einem im Hafen, im frühen Morgenlicht oder auf dem Bodensee begegnet. Sie ist einfach eine Augenweide. Oft hört man sie schon, bevor man sie zu Gesicht bekommt, denn der tiefe Ton aus dem Horn des Dampfschiffes »Hohentwiel« ist unverkennbar und einzigartig am See.

*Das Dampfschiff
»Hohentwiel« am Anlieger
des Heimathafens in Hard*

Die »Hohentwiel« erreicht unter Volldampf ca. 30 km/h auf dem Bodensee

Am Vorschiff lässt sich so ein Tag schön gestalten. Ein toller Augenblick, in einem Deckchair zu entspannen, Sonne, Wind, klare Luft und ein kaltes Getränk zu genießen. Gleich darunter, Noblesse oblige. Der Vorschiffssalon ist ein elegant ausgestattet mit einer aufwendigen Mahagoniholztäfelung, liebevollen Details und exklusiver Lederpolsterung. Auf der Kommandobrücke taucht man ein in die hohe Schule der Schifffahrt oder verweilt am schönen Oberdeck. Dann ist da natürlich noch das Meisterwerk des Jugendstils, der wunderschöne Hecksalon, wo schon König Wilhelm II. von Württemberg mit Graf Zeppelin tafelte. Der Kapitänssalon eignet sich dagegen besonders für kleine Gesellschaften oder Familien. Faszinierende Technik bis ins kleinste Detail und wohin man schaut auf der 56,84 m langen und 13,00 m breiten »Hohentwiel«. Eine Fahrt ist wirklich ein empfehlenswertes und unvergessliches Erlebnis.

Fahrzeiten: Ende April–Mitte Okt.
(diese sind aber schnell ausgebucht)
Per Auto und Bahn gut zu erreichen.

Hohentwiel Schifffahrtsgesellschaft m.b.H. • Kohlplatzstraße 17 • A-6971 Hard
Tel. +43 5574 63560 • www.hohentwiel.com

Bei voller Fahrt auf dem Dampfschiff

Nicht nur im eleganten Salon ist stilvolles Reisen angesagt

Der imposante Maschinenraum

Bei der Hafeneinfahrt

Während der flotten Seilbahnfahrt wird der Ausblick auf den Bodensee immer weiter. Oben angekommen, eröffnet sich ein grandioser 360-Grad-Blick auf 240 der regionalen Alpengipfel. Zugeben, heute ist von der alten Technik nicht viel geblieben, aber eines hat sich nicht verändert: ein Ausblick auf den Bodensee, der seinesgleichen sucht.

Altes Stahlseil im Muesumsraum

Ein grandioser Blick auf den Bodensee

Öffnungszeiten:
Dez.–Okt., tägl. 8–19 Uhr
Fahrten erfolgen im 15-Minuten-Takt.
Auf Anfrage Abendfahrten
tägl. 19–23 Uhr möglich.
Der Museumsbesuch ist kostenlas!
Per Auto und Bahn, »Bahnhof Bregenz Hafen«, sehr gut zu erreichen.

Auf dem Gelände der Pfänder-Gipfelstation ist noch eine alte Gondel der Bahn zu finden, allerdings zweckentfremdet als Wartehäuschen. Und auch im Museumsraum der Talstation ist kaum alte Technik zu finden. Dafür einiges über die Geschichte der Pfänderbahn und viele Fotos vergangener Tage. Zu empfehlen ist aber eine tolle Fahrt mit einer der Gondeln, vor allem die Talfahrt macht großen Spaß!

Pfänderbahn, Talstation & Museum

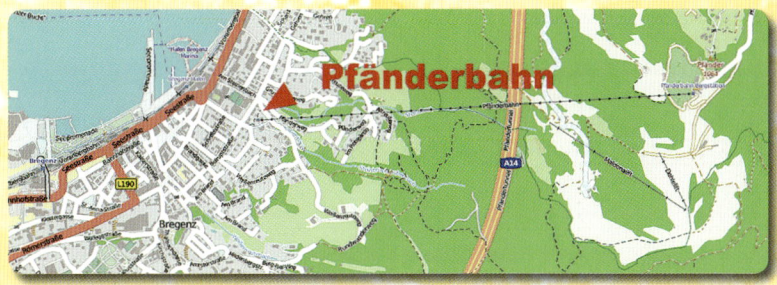

Pfänderbahn-Museum, Pfänderbahn AG • Steinbruchgasse 4 • A-6900 Bregenz
Tel. +43 5574 421600 • www.pfaenderbahn.at

Im Januar

Moto Technica Augsburg, Großer Spezialmarkt & Oldtimermesse für Oldtimer, Youngtimer, Teile und Zubehör, Augsburg, Deutschland
www.mototechnica.de

Im Februar

SWISS-CUSTOM, Customizing & Tuning Show, Zürich, Schweiz
www.swiss-custom.com

Im März

Oldierama Lörrach, Große Regio-Messe, Lörrach, Deutschland
www.messe-loerrach.de

Retro Classics, Internationale Börse für Oldtimer, Classics, Motorräder, Ersatzteile und Restaurierung, Stuttgart, Deutschland
www.retro-classics.de

Internationaler Auto-Salon, Genf, Schweiz,
www.salon-auto.ch

Im Mai

Technorama Ulm, Oldtimermesse mit Oldtimermarkt und große Sammlerfahrzeug-Verkaufsausstellung, Ulm, Deutschland
www.technorama.de/ulm.html

Arbon Classic, Arbon, Schweiz
www.arbon-classics.ch

Auto-Moto-Klassik Basel, größte Old- und Youngtimershow der Region Basel, Muttenz, Schweiz
www.automotoklassik.jimdo.com

MOTORWORLD Saisonauftakt, Böblingen, Deutschland
www.motorworld.de

Oldtimertreffen der Oldtimer und Bulldogfreunde Niedereschach
Niedereschach-Fischbach, Deutschland
www.oldtimerundbulldogfreunde.de

Internationale Bodenseewoche Konstanz, Konstanz Hafen, Deutschland
www.bodenseewoche.com, www.bodenseewoche.ch

Swiss Classic World, Luzern, Schweiz
www.swissclassicworld.ch

Historische Fahrzeugschau, Zürich, Schweiz
www.oldtimer-treffen.ch

Im Juni

Retro Classics meets Barock, Ludwigsburg, Deutschland
www.retro-classics-meets-barock.de

Klassikwelt Bodensee, Messe-Event für Oldtimer und Youngtimer,
Friedrichshafen, Deutschland
www.klassikwelt-bodensee.de

Oldtimer- und Luftfahrtfestival Eutingen (Gäu), Flugplatz Eutingen, Deutschland
www.mobile-legenden.de

»Riva Classics«, Riva-Treffen, Marina Ultramarin, Kressbronn-Gohren, Deutschland
www.ultramarin.com

Im Juli

Oldtimer Schiffer Bodensee e. V. Friedrichshafen,
www.oldtimerschiffer.jimdo.com

Im August

Oldtimertreffen Flugplatz, Riedlingen, Deutschland
www.oldtimertreffen-riedlingen.de

Oldtimer Picknick im Park, Wolfegg, Deutschland
www.msc-sernatingen.de

Oldtimertreffen MSC-Sernatingen, Bodman-Ludwigshafen, Deutschland
www.msc-sernatingen.de

Zweitakt- und Ostfahrzeugtreffen Süddeutschland, Denkendorf, Deutschland
www.zweitakterzsued.de

Old-& Youngtimertreffen, Riedlingen, Deutschland
www.riedlingen.de

US-Straßenkreuzer Treffen, Mittelbiberach, Deutschland
www.streetflames.de

Im September

motoMarkt Ravensburg, Messe für historische Automobile und Motorräder
Ravensburg, Deutschland,
www.motomarkt-ravensburg.de

Oldtimer-Fliegertreffen, Kirchheim unter Teck, Deutschland
www.oldtimer-hahnweide.de

Historische Verkehrsschau Altenrhein, Altenrhein, Deutschland
www.vhvaltenrhein.ch

Oldtimerbrunch Konstanz, Konstanz, Deutschland
www.oldtimerbrunch.com

Museumsnacht „Museum auf Rädern", Singen, Deutschland
www.museum-auf-raedern-singen.de

Ländle Truckshow, Bludenz, Österreich
www.zuendung.ch

Im Oktober

Roller- und Kleinwagentreffen, Engstingen Deutschland
www.automuseum-engstingen.de

Oldtimermesse St. Gallen, Oldtimer- und Teilemarkt, St. Gallen, Schweiz
www.oldtimermesse-ch.com

Infoseiten zu aktuellen
Oldtimer-Veranstaltungen am Bodensee:

www.oldiescheune.at
www.oldtimer-am-see.de
www.classic-bodensee.ch

OLDTIMERAUSFAHRTEN & -RALLYES

Im März	**Seegefrörne - Winterrallye**	*www.seegefroerne.de*
Im April	**ADAC Rallye Kätchen Classic**	*www.kaethchen-classic.de*
	Hegau-Classic-Rallye	*www.oldtimer-engen.de*
Im Mai	**»Coppa di Insalata«, Reichenau**	*www.coppa-di-insalata.de*
	Bodensee Klassik	*www.bodensee-klassik.de*
	Württemberg Historic	*www.rallye-wuerttemberg-historic.de*
	Zweitakt- und Ostfahr-zeugausfahrt Denkendorf	*www.zweitakterzsued.de*
Im Juni	**Oldtimer Ride Kreuzlingen**	*www.oldtimer-ride-konkret.ch*
	ADAC Schwäbische Alb Classic	*www.rallye-wuerttemberg-historic.de*
	Heidiland Classic	*www.heidilandclassic.ch*
	Lindau Klassik Oldtimerrallye	*www.lindau-klassik.de*
Im Juli	**Bodensee Oldtimer Rallye**	*www.adac-friedrichshafen.de*
	Austria Historic Bregenz	*www.avca.at*
	Moonwalk Trophy, Chur	*www.fridayclassic.com/moonwalktrophy*
	Bodensee-Oldtimer-Rallye	*www.adac-friedrichshafen.de*
	Solitude Revival	*www.solitude-revival.org*
	Retro Race, Stuttgart	*www.retro-race.de*
Im August	**Schauinsland Klassik**	*www.schauinsland-klassik.de*
	Zurich Classic Car Award	*www.zcca.ch*
Im September	**Concours d'Elegance AvD-Classic-Gala Schwetzingen**	*www.classic-gala.de*
	Baiersbronn Classic – Rallye	*www.baiersbronn-classic.de*
	Mille Fiori Konstanz	*www.mille-fiori-konstanz.de*
Im Oktober	**Wenn der Vater m. d. Sohne**	*www.wenn-der-vater-mit-dem-sohne.de*
	Jochpass-Oldtimer-Memorial & Historic-Rallye	*www.jochpass.com*

**Faszinierende Oldtimermuseen
gibt es viele am Bodensee**

Zu finden auf deutscher Seite, in der Schweiz und in Österreich. Am See, wo sich wichtige Verkehrswege nicht erst seit der Neuzeit kreuzen, war es schon immer einfacher, Güter übers Wasser zu transportieren als über Land. So verwundert es nicht, dass schon die alten Römer in Städten wie Arbon, Konstanz oder Bregenz Hafenanlagen und strategische Stützpunkte unterhielten. Zur Zeit des Konstanzer Konzils 1414-18 war der Bodensee sogar eine der wichtigsten Drehscheiben in Europa. Vom Mittelalter bis weit ins Eisenbahnzeitalter hinein führten deshalb viele Transitrouten über den Bodensee, wie beispielsweise von Friedrichshafen nach Romanshorn. Da überrascht es nicht, dass die Bodensee-Region bei der Fahrzeugentwicklung aller Art ganz weit vorne lag. Wer mehr über die Geschichte und die Verkehrsentwicklung erfahren möchte, ist mit der Vielfalt an Museen am Bodensee genau richtig.

*Jedes Jahr im Juni,
der Szene-Treffpunkt am Bodensee:*
www.klassikwelt-bodensee.de
*Neue Messe Friedrichshafen
Per Auto, Bahn oder Flugzeug
gut zu erreichen.*

**Classic Bodensee
Freizeitpass**

Zwölf dieser einzigartigen Museen haben sich jetzt zum »Classic Bodensee Verbund« zusammengetan. Mit einer einzigen Eintrittskarte, dem »Classic Bodensee Freizeitpass«, können seitdem neun dieser Museen vergünstigt besucht werden. Ein Besuch des MAC Museum Art & Cars in Singen oder des Traktormuseum in Uhldingen ist damit ebenso inbegriffen wie eine Fahrt mit der Dampflok »Rosa« der Appenzeller Bahnen. Pro Freizeitpass erhält jeweils eine Person einen freien Zutritt zum beteiligten Museum. Die Karte ist zudem ein Jahr lang gültig und so können immer wieder neue Ziele rund um den gesamten Bodensee angesteuert werden. Zu bekommen ist sie bei »Thurgau Tourismus« sowie an den Kassen der beteiligten Museen. Dort ist auch eine Broschüre mit allen Adressen und Öffnungszeiten erhältlich. Die Internetadressen der Mitglieder sind auf der nächsten Seite (159) aufgelistet.

*Oldtimer-Messe
»Klassikwelt-
Bodensee«*

Amriswil

Mitglieder des »Classic Bodensee Verbund«

Autosammlung Fritz B. Busch Wolfegg, *www.automuseum-busch.de* (D)

Dornier Museum Friedrichshafen, *www.dorniermuseum.de* (D)

Hymer Museum Bad Waldsee, *www.erwin-hymer-museum.de* (D)

Klassikwelt Bodensee, Friedrichshafen, *www.klassikwelt-bodensee.de* (D)

Zeppelin Museum Friedrichshafen, *www.zeppelin-museum.de* (D)

Verein Hohentwiel DS, *www.hohentwiel.com* (D)

Appenzeller Bahnen, *www.appenzellerbahnen.ch* (CH)

arbon classics, Arbon, *www.arbon-classics.ch* (CH)

autobau, Romanshorn, *www.autobau.ch* (CH)

Fliegermuseum, Altenrhein, *www.fliegermuseum.ch* (CH)

Locorama, Romanshorn, *www.locorama.org* (CH)

Lokremise Sulgen Eurovapor, Sulgen, *www.lokremise-sulgen.ch* (CH)

IG Transrail, *www.tr-transrail.ch* (CH)

Rorschach-Heiden Bahn, *www.appenzellerbahnen.ch* (CH)

Saurer Museum, Arbon, *www.saurermuseum.ch* (CH)

Motorradmuseum Hilti, Gossau (CH)

Verkehrshaus Luzern, *www.verkehrshaus.ch* (CH)

Rolls-Royce-Museum, Dornbirn, *www.rolls-royce-museum.at* (A)

Alexander Pohle, 1959 in Frankfurt a. M. geboren, ist freier Fotograf, Autor und Designer. Er lebt und arbeitet am Bodensee. Bisher erschienene Buchtitel:
»Kiesel ABC«, 2011, arthouse Pohle
»Bastnäs«, der schwedische Oldtimerfriedhof, 2012, arthouse Pohle
»99 x Bodensee wie Sie ihn noch nicht kennen«, 2014, Bruckmann-Verlag
»99 x Allgäu wie Sie es noch nicht kennen«, 2015, Bruckmann-Verlag

Der Verlag und der Autor freuen sich über Ihre Hinweise:
info@mitteldeutscherverlag.de

Haftungsausschluss
Die Angaben in diesem Reiseführer wurden gewissenhaft überprüft. Für die Aktualität, Korrektheit und Vollständigkeit übernimmt der Autor keine Haftung. Der Autor distanziert sich aus rechtlichen Gründen von allen Inhalten der aufgeführten Internetseiten. Auf aktuelle und zukünftige Gestaltung, die Inhalte oder Urheberschaft der angeführten Internetseiten hat der Autor keinen Einfluss.

Abbildungen und Layout:
Sämtliche Aufnahmen sowie das Layout stammen von Alexander Pohle
Die Anfahrtskartenkarten stammen von Open-Street-Maps
Danke für den freundlichen Empfang der Museen und den Begleitern für die tollen Touren.
Karte S. 6/7: Kartographisches Büro Margot Engel (www.karten-graf.de)

© 2016 mdv Mitteldeutscher Verlag GmbH, Halle (Saale)
www.mitteldeutscherverlag.de

Gesamtherstellung: Mitteldeutscher Verlag, Halle (Saale)

ISBN 978-3-95462-529-1

Printed in the EU